基础化学与化工分析

方晖 李娇 李非 著

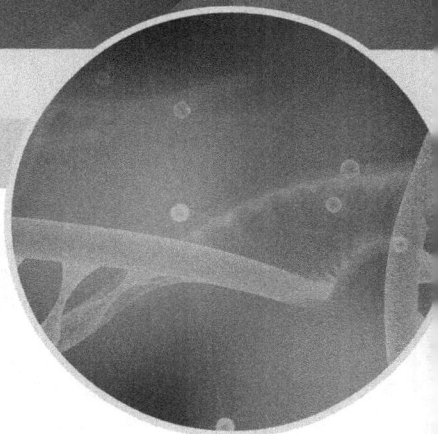

哈尔滨出版社
HARBIN PUBLISHING HOUSE

图书在版编目（CIP）数据

基础化学与化工分析／方晖，李娇，李非著. --

哈尔滨：哈尔滨出版社，2025. 1. -- ISBN 978-7-5484-

8172-0

Ⅰ. O6-3；TQ014

中国国家版本馆 CIP 数据核字第 20246CJ833 号

书　　名：**基础化学与化工分析**

JICHU HUAXUE YU HUAGONG FENXI

作　　者：方　晖　李　娇　李　非　著

责任编辑：赵海燕

出版发行：哈尔滨出版社（Harbin Publishing House）

社　　址：哈尔滨市香坊区泰山路 82-9 号　邮编：150090

经　　销：全国新华书店

印　　刷：北京虎彩文化传播有限公司

网　　址：www.hrbcbs.com

E - mail：hrbcbs@ yeah. net

编辑版权热线：（0451）87900271　87900272

销售热线：（0451）87900202　87900203

开　　本：880mm×1230mm　1/32　印张：4.75　字数：113 千字

版　　次：2025 年 1 月第 1 版

印　　次：2025 年 1 月第 1 次印刷

书　　号：ISBN 978-7-5484-8172-0

定　　价：48. 00 元

凡购本社图书发现印装错误，请与本社印制部联系调换。

服务热线：（0451）87900279

前　　言

　　基础化学与化工分析是化学学科中的两个重要分支,它们在化学研究、工业生产以及日常生活中都扮演着至关重要的角色。基础化学作为化学学科的基础,涵盖了化学的基本原理、基本理论和基本实验技能,为深入学习化学各分支领域提供了坚实的基础。而化工分析则是将化学原理和方法应用于实际工业生产中,对原料、中间体和最终产品进行定性和定量分析,以确保产品质量和生产过程的稳定性。基础化学的学习涵盖了原子结构、化学键、化学反应、化学平衡、溶液、电化学等多个方面。这些知识点不仅帮助人们理解物质的本质和变化规律,还为后续学习有机化学、无机化学、分析化学等分支领域打下了坚实的基础。通过学习基础化学,人们可以掌握化学的基本语言和思维方式,提高解决问题的能力,培养科学精神和创新意识。化工分析则更侧重于将化学原理和方法应用于实际工业生产中,它涉及样品的采集、处理、分析和结果解释等多个环节。化工分析人员需要运用各种分析仪器和方法,对原料、中间体和最终产品进行准确的定性和定量分析,以确保产品质量和生产过程的稳定性。此外,化工分析还涉及环境监测、食品安全、药物研发等多个领域,对于保障人类健康和推动社会可持续发展具有重要意义。基础化学与化工分析在实际应用中相互促进、相互依存。基础化学为化工分析提供了理论支持和方法指导,而化工分析则为基础化学的应用提供了广阔的空间和实践平台,二者相互融合,共同推动了化学学科的发展和进步。随着科学技术的不断发展和工业生产的日益复杂化,基础化学与化工分析的研究和应用也面临着新的挑战和机遇。未来,需要不断深入研究化学的基本原理和新技术,探索更加高效、准确、环保的分析方法,以满足社会发展和人类进步的需求。

本书共有五章,第一章主要介绍化学反应的基本原理和化学平衡与反应速率。它涉及化学反应的基本概念和动力学,为读者提供了化学变化背后的基础理论。第二章讲解了无机化合物的分类与性质,无机化合物的制备与分离提纯方法。这为读者提供了对无机化学领域的深入理解和实践操作的基础知识。第三章重点介绍了检测化验的基本原理和物质内部成分的分析方法。它帮助读者了解如何通过科学实验方法来确定物质的组成和性质。第四章聚焦于化工生产中的危险源管理,安全风险评估与控制措施,HSE 管理体系在化工企业的实施与优化。这一章强调了健康、安全和环境因素在现代化工生产中的重要性。第五章探讨了无机化合物的合成与转化,无机化合物在化工生产中的具体应用实例,无机化合物的分析与检测技术。这一章将无机化学理论与实际应用相结合,展示了无机化学知识在实际工业生产中的价值。

目　　录

第一章　基础化学 ……………………………………… 1

　第一节　化学反应的基本原理 ………………………… 1

　第二节　化学平衡与反应速率 ……………………… 12

第二章　无机化学 ……………………………………… 25

　第一节　无机化合物的分类与性质 ………………… 25

　第二节　无机化合物的制备与分离提纯 …………… 38

第三章　物质内部成分的检测化验 ………………… 53

　第一节　检测化验的基本原理 ……………………… 53

　第二节　物质内部成分的分析方法 ………………… 64

第四章　现代化工生产中的 HSE 实践 …………… 79

　第一节　化工生产中的危险源管理 ………………… 79

　第二节　安全风险评估与控制措施 ………………… 89

　第三节　HSE 管理体系在化工企业的实施与优化………… 100

第五章　无机化学在化工生产中的应用 ………… 111

　第一节　无机化合物的合成与转化 ……………… 111

第二节　无机化合物在化工生产中的应用实例 …………… 122

第三节　无机化合物的分析与检测技术 ………………… 133

参考文献 ………………………………………………… 142

第一章 基础化学

第一节 化学反应的基本原理

一、化学反应的基本概念

(一)化学反应的定义及特征

化学变化,通常叫作化学反应,它的特征是物质的质变,就是从一种物质转变为另一种或多种物质,或是两种物质或多种物质转变为一种或多种其他物质。例如氢和氧化合成水、氧和碳化合成二氧化碳,水既不同于氧,也不同于氧和氢的混合物,二氧化碳和氧、碳的情况也可以类推。与此相反,在物理变化中,物质并不发生质变,如水,它可以在不同的温度和压力的条件下,呈现气态、液态或固态,但这也只是形态上的不同,它们仍具有相同的本性。化学变化既然是质的变化,变化后得到的新物质就有它本身特定的物理和化学性质,不同于原来的物质,所以这种变化是容易辨认的。

但是,物质的化学变化并不是在任何情况下都可以发生,除了要求有一定的条件外(温度、压力和它发生反应的物质等等)在量的关系上还必须遵守一些基本规律,即化学上的基本定比定律、倍比定律、质量守恒定律、质量作用定律、当量定律等等。

表1-1 几个基本定律

定律名称	说明
定比定律(比例定律)	每个化合物有一定组成
倍比定律	当甲乙两种元素化合形成几种化合物时,在这些化合物中,与一定重量甲元素化合的乙元素的质量必互成简单的整数比。
质量守恒定律	在化学变化中物质的性质改变,但质量不变

化学变化除有上述特征外,在变化过程中还伴随有热能的变化。如煤炭的燃烧,石灰石的分解,前者在变化过程中要放出大量的热能,而后者就需要吸收大量的热能。放出热量的反应叫作放热反应,吸收热量的反应叫作吸热反应。

必须指出,质量和能量之间是有着密切联系的,这一点是罗蒙诺索夫(M. B. JIomohocob)首先指出的。1905年爱因斯坦从相对论导出了质量和能量联系定律的公式:

$$E = mc^2$$

式中,E为能量,单位是[焦耳];m为质量,单位是[千克];c为光速,单位是[米/秒]。这个公式很好地表明了质量和能量的依存关系,即在质量发生变化时必然引起能量的变化,同时在能量发生变化时也一定引起质量的改变。因此我们把本来是有着密切联系的两个定律——质量守恒定律和能量守恒定律联系在一起叫作质量和能量守恒定律。

(二)化学反应的类型

1. 基本反应的类型

化学反应的多样性体现在不同类型的反应中,其中包括化合、置换和复分解等多种反应形式。化合反应是多种物质相互结合，经过化学键的重新组合生成一种全新的物质，这种反应形式在自然界和工业生产中都极为常见。置换反应则展示了单质与化合物之间的活泼性差异，一种单质能够替换出化合物中的另一种单质，这种反应形式不仅揭示了元素间的活泼性排序，也为金属冶炼和提纯提供了理论依据。复分解反应则是两种化合物之间组分交换的过程，生成了另外两种全新的化合物，这种反应在无机化学和有机化学中都占有重要地位。

2. 氧化还原的反应

氧化还原反应在化学领域中占据着举足轻重的地位，其核心在于电子的得失或偏移，这一特点使其成为化学反应中的重要类型。在氧化还原反应中，物质会经历氧化和还原两个过程，其中某些物质会失去电子并被氧化，其氧化数会增加，而另一些物质则会得到电子并被还原，其氧化数随之减少。识别氧化还原反应的关键在于观察反应前后物质氧化数的变化。氧化数，作为衡量原子氧化态的一个重要指标，其变化直接反映了电子转移的情况。当某元素在反应中氧化数升高，说明它失去了电子并被氧化；反之，若氧化数降低，则表示该元素得到了电子并被还原。

3. 其他反应类型

化学反应的世界中，离子反应、有机反应以及异构化反应等不同类型的反应各具特色，共同构成了化学的丰富多样性。离子反应，这类主要发生在水溶液中的反应，涉及离子的交换或结合，是许多工业过程和自然界中化学现象的重要基础。在这类反应中，离子间的相互作用导致了化学键的断裂和形成，从而实现了物质的转化。有机反应则特指有机化合物参与的反应，这类反应在有机化学领域里占据着举足轻重的地位。取代、加成和消除等是有机反应中常见的类型,它们通过改变有机分子的结构,生成了新的有机化合物,为合成各种复杂有机分子提供了可能。此外,异构化反应也是一种重要的化学反应类型,在这类反应中,化合物的结构发生了变化,但其化学成分却保持不变。

(三)化学反应中的物质变化和能量变化

1. 化学反应中的物质变化

化学反应,这一物质之间的相互作用过程,揭示了自然界中物质的多样性和相互转化。在这一神秘而又精彩的过程中,原有的化学键断裂,新的化学键形成,从而实现了物质的转变和性质的改变。这种转变可以是元素的重新组合,如同拼图般将不同的元素拼凑在一起,形成全新的化合物;也可以是化合物的分解或合成,如同拆解和重组乐高积木,创造出新的形态和结构。以燃烧反应为例,燃料与氧气的结合,犹如一场热烈的舞蹈,舞者们(反应物)在舞台上(反应环境)尽情舞动,最终融合在一起,形成了全新的舞伴(生成物)——二氧化碳和水。在这一过程中,反应物(燃料和氧气)转化为生成物(二氧化碳和水),不仅展示了化学反应中的物质变化,更揭示了物质性质的根本转变。这种转变不仅仅是形态上的改变,更是物质内在性质的全新塑造。

2. 化学反应中的能量转化

化学反应中的物质转变往往与能量的转化紧密相连。这种能量的转化通常直观地表现为热量的释放或吸收,是化学反应不可或缺的一部分。在放热反应中,随着反应物转化为生成物,反应体系会释放出能量,这些能量以热能的形式传递到周围环境中,导致反应体系的温度上升。这种温度的升高是放热反应的一个显著标志,也是其能量转化的直接体现。与放热反应相反,吸热反应在进行过程中需要从外界环境中吸收热量,这种热量的吸收是吸热反应得以进行的必要条件,也是其能量转化的关键环节。在吸热反应中,反应体系的温度通常会降低,因为它从环境中吸收了热量。无论是放热反应还是吸热反应,它们所涉及的能量转化都是化学反应的重要特征之一。这种能量的转化不仅影响着化学反应的速率和程度,还直接关系到反应能否自发进行。同时,这种能量的转化和传递也是许多工业过程和生命活动得以进行的基础。

3. 化学反应速率与物质变化

化学反应的速率,这一决定物质变化快慢的关键因素,受着多重因素的影响。反应物的浓度、环境的温度,以及是否存在催化剂等,都会对反应速率产生深远的影响。当这些条件发生改变时,物质转化的速度也会随之调整。在工业生产中,为了提高生产效率,经常通过调整这些变量来加速化学反应。提高温度能够增加分子的热运动,使得它们之间的碰撞更为频繁,从而加快反应的进行;增加压力,特别是在气相反应中,可以提升反应物的浓度,进而提升反应速率。然而,正如一枚硬币有两面,过快的反应速度也可能引发一系列问题。过快的反应可能导致副反应的发生,这些不期望的反应会降低主产品的纯度和收率,甚至可能产生有害物质。因此,在追求高效率的同时,也必须对反应速率进行合理的控制。

4. 能量变化与反应的自发性

化学反应中的能量变化与反应的自发性之间存在着紧密的关联。根据热力学的核心原理,一个反应若能自发进行,其必然是释放热量,即放热反应,或者是导致系统混乱度增大的,也就是熵增反应,这种关系揭示了反应自发性的内在驱动力。放热反应因其释放热量,使得系统能量降低,从而更趋于稳定,因此更可能是自发的。同样,熵增反应,即系统混乱度的增加,也倾向于自发进行,因为这代表了系统可能的状态数的增加,符合自然界的无序化倾向。这一热力学原理为我们提供了判断化学反应自发性的关键依据。在实际的科学研究和工业生产中,这一原理的应用至关重要。

二、基本原理

(一)原子和分子的理论

1.原子的理论与特性

原子理论是化学和物理学中的基础理论,它揭示了物质最基本的构成单元。根据现代原子理论,原子是由更小的粒子——质子、中子和电子构成的。质子和中子集中在原子核中,而电子则在核外运动,形成了特定的电子云分布。质子带有正电荷,决定了元素的种类。中子虽然不带电,但对原子的稳定性和核反应有重要影响。电子带有负电荷,它们在核外形成电子云,决定了原子间的相互作用和化学反应的可能性。原子理论的一个重要原则是,在化学反应中,原子本身不会发生改变,而是原子间的连接方式和组合形态会发生变化。这一原则体现了原子的稳定性和不可分割性,也是化学反应中质量守恒和元素种类守恒的基础。此外,原子的电子排布决定了其化学性质。例如,金属元素的原子通常具有较少的价电子,容易失去,从而表现出金属的特性;而非金属元素的原子则倾向于获得电子,以达到稳定的电子配置。原子理论不仅解释了物质的微观结构,还为我们理解化学反应提供了基础。

通过对原子性质的研究，我们可以预测和解释不同元素和化合物之间的反应行为，为化学合成和材料设计提供理论支持。

2. 分子的构成与性质

分子是由两个或多个原子通过化学键结合而成的稳定单元。分子理论主要关注分子内部的结构、分子间的相互作用以及分子整体的性质和行为。分子的构成决定了其化学和物理性质。例如，水分子（H_2O）由两个氢原子和一个氧原子通过共价键连接而成，这种特定的结构使得水具有独特的溶解性和表面张力。分子间的相互作用力也是分子理论的重要研究内容。这些力包括范德华力、氢键等，它们决定了物质的聚集状态和相变行为。例如，水分子间的氢键是导致水具有高沸点和凝固点的重要因素。此外，分子的形状和大小也对其性质有重要影响。分子的空间构型决定了其与其他分子的相互作用方式和反应活性。例如，具有特定形状的有机分子能够选择性地与其他分子结合，从而实现特定的化学功能。分子理论不仅帮助我们理解物质的微观结构和性质，还为化学合成、药物设计和材料科学等领域提供了重要的理论基础。通过对分子的深入研究，我们可以开发出具有特定功能的新材料，为科技进步和社会发展做出贡献。

（二）化学键的形成与断裂

化学键的形成与断裂是化学反应中的核心过程，涉及原子间力的相互作用和电子的重新排布。化学键的形成通常是一个放热过程，意味着在形成化学键时会释放出能量。这是因为当原子间形成化学键时，它们的电子云会重叠，使得体系能量降低，从而达到更稳定的状态。这种稳定性是通过原子间共享或转移电子来实现的。例如,共价键的形成就是通过原子间共享电子对来实现的,而离子键则是通过电子的转移来形成的。化学键的断裂是一个需要输入能量的吸热过程,在断裂化学键时,需要提供足够的能量来克服原子间的相互作用力,使原子或分子分离。这种能量的来源可以是热能、光能或电能等。例如,在高温下,分子内部的化学键可能会被断裂,因为高温能够提供足够的能量来克服键能。另外,光解反应也是一种常见的断裂化学键的方式,当分子吸收到足够的光能时,其内部的化学键可能会发生断裂。

(三)化学反应的速率

化学反应速率,作为衡量化学反应进行快慢的物理量,是通过单位时间内反应物或生成物浓度的变化来量化的。这一指标为我们提供了关于化学反应动态特性的直观了解。值得注意的是,反应速率并非孤立存在,而是受到多种因素的共同影响。反应物的性质和浓度是决定反应速率的关键因素之一,不同性质的反应物,其反应活性各不相同,从而直接影响到反应的快慢。同时,反应物的浓度也扮演着重要角色,浓度越高,分子间的碰撞概率越大,反应速率也就越快。此外,温度对反应速率的影响也不容忽视。随着温度的升高,分子的热运动加剧,有效碰撞的频率增加,从而加速了反应的进行。因此,在实验中,通过调节温度可以有效控制化学反应的速率。在气相反应中,压力也是一个重要的影响因素,增加压力可以提高反应物的浓度,进而加快反应速率。然而,在液体或固体反应中,压力的影响则相对较小。催化剂的存在能显著降低反应的活化能,使得反应在更低的能量状态下进行,从而大幅提高反应速率。无论是正催化剂加速反应,还是负催化剂减缓反应,都在一定程度上改变了反应的动力学特性。对于在溶液中进行的反应,溶剂的性质和用量也会对反应速率产生影响。溶剂的极性、介电常数等性质都可能影响到反应物分子的活性和碰撞频率,进而改变反应速率。

(四)化学平衡

化学平衡是化学反应中一个至关重要的概念,它描述了在一定条件下,化学反应的正向和逆向过程达到了一种动态平衡状态。这种状态并非静止不动,而是反应物和生成物之间在不断转化,但它们的浓度保持相对稳定,不再发生显著变化。在化学反应中,当反应物转化为生成物的速度与生成物转化为反应物的速度相等时,就达到了化学平衡。这种平衡并非意味着反应停止,而是正向和逆向反应速率相等,导致反应物和生成物的浓度不再发生明显变化。达到化学平衡时,反应体系中的各组分浓度、温度、压力等参数都保持相对稳定。化学平衡的建立与多种因素有关,如反应物的性质、浓度、温度、压力以及催化剂的存在等,这些因素共同影响着正向和逆向反应的速率,从而决定着化学平衡的建立和移动。例如,增加反应物的浓度通常会加快正向反应速率,使平衡向生成物方向移动;而升高温度则可能同时加快正向和逆向反应速率,但影响的程度不同,从而导致平衡的移动。此外,催化剂也能显著影响化学平衡。催化剂能降低反应的活化能,从而加速化学反应的速率,但它并不改变化学平衡的位置,只是使反应更快地达到平衡状态。需要注意的是,虽然催化剂能加速反应速率,但它并不能使原本不可能发生的反应变得可能发生。了解化学平衡的原理和影响因素对于优化化学反应条件、提高反应效率以及控制生成物的性质具有重要意义。

三、化学反应的实质

（一）原子与分子的重排

化学反应的实质，深入探究下去，便是原子与分子的精妙舞蹈。在这场舞蹈中，原有的化学键如同旧有的舞步，随着音乐的变换而断裂，原子间的连接关系随之发生变革。这些原子，如同舞者，在新的节奏中以崭新的方式携手共舞，组合成全新的分子。这一过程，不仅仅是物质的转变，更是自然界中一种美丽的动态艺术。在这一系列变化中，原子间的电子进行了转移、共享或偏移，这些微观层面的动作导致了化学键的解体与再生。电子的流动如同舞台上的灯光，为这场舞蹈增添了神秘而迷人的色彩。正是这些电子的行为，促使了原子间的重新组合，进而演绎出化学反应的宏大篇章。

（二）电子的转移与共享

化学反应的实质深刻体现在电子层面的动态变化上，尤其是电子的转移与共享。在化学反应进程中，电子的得失或其共享状态的调整，是引发化学键断裂与新建的核心要素。以氧化还原反应为例，电子的流动构成了反应的基础，电子从还原剂向氧化剂转移，推动了两者化学性质的转变。这一过程不仅涉及原子电荷状态的改变，更进一步影响了参与反应分子的稳定性和反应能力。电子的转移意味着原子间相互作用力的重组，它直接关系到化学键的强弱和分子的结构。在电子转移的过程中，原有的化学键因电子的失去或获得而断裂，同时新的化学键随着电子的重新分布而形成。这种电子层面的调整是化学反应能够进行并且达到新的平衡状态的关键。此外,电子的共享状态变化同样对化学反应有深远影响。例如,在共价键的形成中,原子间通过共享电子对来达到稳定状态,这种共享状态的变化,不仅改变了分子的构型,还决定了分子的化学性质和可能参与的反应类型。

(三)能量的转化与释放

化学反应的实质,除了物质形态的变化,更深层次的还涉及能量的转化与释放。每一个化学反应,都伴随着能量的流动与转换,这是反应能够进行的核心动力。当旧有的化学键断裂时,它们需要吸收一定的能量来打破原有的稳定状态;而新的化学键在形成过程中,则会将之前吸收的能量以不同的形式释放出来,这些能量可以转化为热能、光能、电能等,成为我们可见、可感的物理现象。这种能量的转化与释放,不仅驱动了化学反应的进行,更在宏观层面上影响了我们的生活和环境。比如,燃烧反应中释放的热能可以为我们提供温暖和光明;电池中的化学反应则能将化学能转化为电能,为我们的电子设备提供动力。这些都是化学反应中能量转化与释放的直观表现。

(四)化学平衡的建立与移动

化学反应的实质不仅涉及物质的转变和能量的转化,还深刻体现在化学平衡的建立与移动上。在一定条件下,化学反应会趋于一种动态平衡,即正反应与逆反应速率相等的状态。这种平衡并非静止,而是反应物与生成物之间持续转化,但整体浓度保持不变。然而,当外部环境因素如温度、压力或反应物和生成物的浓度发生改变时,原有的平衡状态将被打破。这种变化会促使反应向一个特定方向倾斜,直至达到新的平衡状态。例如,升高温度可能会加速某些反应的速率,从而使平衡向吸热反应的方向移动。同样,增加反应物的浓度可能会推动平衡向生成物的方向移动。这种平衡的移动是对外部环境变化的自适应调整,它反映了化学反应系统的动态性和自我调节能力。

第二节　化学平衡与反应速率

一、化学平衡的基本原理

(一)化学平衡的定义

化学平衡是指在宏观条件一定的可逆反应中,化学反应的正反应速率和逆反应速率相等的状态。在这种状态下,反应物和生成物各组分的浓度不再发生改变,从而达到一种动态平衡。这种平衡不是静止不变的,而是在不断进行的正反应和逆反应中保持的一种相对稳定状态。化学平衡是化学反应动力学中的一个重要概念,它描述了化学反应在一定条件下如何进行并达到稳定状态。当一个化学反应达到平衡时,并不意味着反应已经停止,而是指正反应和逆反应的速率相等,从而使得反应物和生成物的浓度保持稳定。这种平衡状态是在一定条件下实现的,如温度、压力、浓度等因素都会影响化学平衡的建立和移动。化学平衡的建立过程可以通过可逆反应中正反应速率和逆反应速率的变化来表示。在反应开始时,正反应速率通常较快,生成物的浓度逐渐增加。随着时间的推移,逆反应速率也逐渐加快,反应物和生成物的浓度逐渐趋于稳定,最终达到化学平衡状态。根据勒夏特列原理,如果一个已达平衡的系统被改变,如改变温度、压力或浓度等条件,系统会随之改变来抗衡这种改变,以保持新的平衡状态。这种平衡的移动是化学反应中的重要现象,也是化学工业生产中控制反应的重要手段。此外,化学平衡还涉及吉布斯自由能的概念,根据吉布斯自由能判据,当反应的吉布斯自由能变化为零时,反应达到最大限度,即处于平衡状态。

(二)平衡常数

1. 平衡常数的定义与意义

平衡常数是化学反应达到平衡状态时的关键指标,它描述了在一定温度下,化学反应达到动态平衡时,生成物浓度幂的乘积与反应物浓度幂乘积之间的比值。这个特定的比值,即化学平衡常数,通常用大写字母 K 来表示。平衡常数的核心概念在于其能够揭示化学反应进行的方向以及进行的程度。具体来说,当化学反应达到一个稳定的动态平衡状态,此时正反应与逆反应的速率恰好相等,而各种物质的浓度也趋于稳定,不再发生显著变化。在这个状态下,通过测量和计算得出的平衡常数,可以有效地反映出反应体系的特点。平衡常数的值越大,意味着在达到平衡时,生成物的浓度相对较高,从而可以推断出该化学反应在给定条件下更容易进行,生成物更稳定。反之,如果平衡常数较小,则说明反应达到平衡时生成物的浓度较低,反应进行的难度相对较大。

2. 平衡常数的计算方法

平衡常数是描述化学反应在平衡状态下反应物和生成物浓度关系的一个重要参数,其计算依赖于反应达到平衡时各物质的浓度。对于特定的化学反应,通过实验可以精确测定出反应物和生成物在平衡状态下的浓度。利用这些实验数据,我们可以计算出平衡常数,具体方法是将生成物的平衡浓度进行幂运算后的乘积除以反应物的平衡浓度进行幂运算后的乘积。在这个过程中,必须确保所有浓度数据的单位是一致的,避免因单位不同而导致计算错误。同时,用于计算的浓度值必须是反应达到平衡状态时的浓度,因为只有在这个状态下的浓度才能真实反映反应物和生成物之间的平衡关系。

3. 影响平衡常数的因素

平衡常数作为化学反应达到平衡状态时的关键参数,受到多种因素的影响。其中,温度是一个至关重要的因素,其变化会直接导致平衡常数的改变。一般来说,对于吸热反应,随着温度的升高,平衡常数会随之增大,意味着反应在高温下更容易进行,生成物更稳定。相反,对于放热反应,温度升高则会导致平衡常数减小,表明在低温条件下,该类反应更为有利。此外,压力也是一个不可忽视的影响因素,特别是对于涉及气体的反应。增加压力往往会使得反应向气体体积减小的方向移动,从而影响平衡常数的值。而浓度虽然不直接影响平衡常数,但可以通过改变反应速率来间接地对其产生影响。值得注意的是,催化剂虽然能够降低反应的活化能,加快反应速度,使反应更快地达到平衡状态,但它并不会改变平衡常数本身。

4. 平衡常数在化学反应中的应用

平衡常数在化学反应中的应用是多元且深远的,它可以作为预测反应方向和限度的重要工具,通过对比反应物和生成物的实时浓度与平衡常数的数值关系,能准确判断化学反应是趋向于正方向进行,还是逆方向进行,从而洞察反应的趋势。此外,平衡常数在优化反应条件方面发挥着关键作用。通过调整诸如温度、压力、浓度等外部条件,可以影响平衡常数的值,进而掌控反应的方向和进行的程度,为实验者提供调控化学反应的有效手段。值得一提的是,平衡常数在工业生产和环境保护领域也展现了其实用价值。在工业生产中,借助平衡常数的指导,可以精确调整反应条件,以提高产品的产率和纯度,实现生产效率和质量的双提升。

(三)影响化学平衡的因素

1. 浓度对化学平衡的影响

浓度作为化学平衡的关键因素,对反应的快慢和程度起着决定性作用。反应物的浓度高,意味着分子间的碰撞机会增多,从而提高了反应速率,有力推动反应向正方向进行,直至体系达到新的动态平衡。反之,若生成物的浓度上升,则会加速逆反应的进行,导致平衡状态向反应物一侧偏移。这种由浓度变化引起的平衡移动,是化学反应中一种常见的现象。在实际的化学操作和工业生产中,巧妙地调整反应物或生成物的浓度,不仅可以控制反应的速率和进程,还能在一定程度上改变产物的性质,满足特定的生产需求。例如,在制药工业中,通过精确控制原料药的浓度,可以优化药物的合成效率,确保最终产品的质量和疗效。

2. 温度对化学平衡的影响

温度作为影响化学平衡的关键因素,其重要性不容忽视。温度的变化会直接导致反应物和生成物的活化能发生改变,进而对反应的速率和平衡状态产生深远影响。在放热反应中,当温度升高时,平衡会向吸热方向,也就是逆反应方向移动。这是因为高温环境不利于放热反应的进行,反应会趋向于减少放热,以维持体系的热平衡。相反,在吸热反应中,降低温度则会使平衡向放热方向,即正反应方向移动。这是因为在低温环境下,吸热反应难以从环境中吸收足够的热量,因此反应会趋向于放热状态,以维持体系的热稳定。由此可见,温度对化学平衡的影响是显著的,且具有一定的规律性。通过精确控制反应体系的温度,可以实现对化学反应平衡状态的有效调节,从而达到期望的反应效果。

3. 压强对化学平衡的影响

在涉及气体的化学反应中,压强成为影响化学平衡的关键因素。当压强增大时,平衡会倾向于向气体体积减小的方向移动,即如果正反应是气体体积减小的反应,那么平衡将向正反应方向偏移。这一现象的原因在于,压强的增大实际上等同于提高了反应体系内气体的浓度。由于气体分子间的碰撞频率增加,有效碰撞的概率也随之上升,进而推动了反应的进行。相反地,如果减小体系的压强,平衡将会向气体体积增大的方向移动。这是因为压强的降低相当于减少了反应物和生成物的浓度,从而减缓了原本体积减小的反应方向的速率,相对而言,体积增大的反应方向则变得更为有利。

4. 催化剂对化学平衡的影响

催化剂在化学反应中发挥着重要作用,它能够显著降低反应的活化能,使得反应在更低的能量条件下就能进行,从而大大加速了反应的进程。然而,值得注意的是,催化剂并不改变反应的平衡常数,也就是说,它并不能使化学平衡发生移动,而是仅仅加快了反应达到平衡的速度。在实际应用中,我们可以根据具体的反应条件和需求,选择合适的催化剂,以提高反应的效率和选择性。通过使用催化剂,我们可以在更短的时间内获得更多的产物,这无疑提高了生产效率。同时,催化剂的使用还有助于降低能耗,因为它使得反应在较低的温度和压力条件下就能进行,从而减少了能源消耗。

5. 其他因素对化学平衡的影响

除了浓度、温度、压强和催化剂这些核心影响因素外,化学平衡还受到多种其他因素的作用。光照是一个重要的外部条件,它可以为反应物分子提供所需的能量,使其达到激发态,进而促进化学反应的进行。特别是在光化学反应中,光照的作用尤为显著,能够直接影响反应的平衡状态。同时,反应发生的表面性质也不容忽视。表面的粗糙度、活性位点等因素对于多相反应的平衡状态起着关键作用。这些性质可能影响到反应物在表面上的吸附、解离以及产物的脱附等过程,从而改变反应的平衡常数。另外,反应体系的纯度也是一个重要的考量因素。杂质的存在可能会与反应物或产物发生副反应,进而影响主反应的平衡状态。溶剂的选择同样重要,不同的溶剂可能对反应物有不同的溶解度和反应活性,从而影响反应的平衡。

二、化学反应速率的基本原理

(一)化学反应速率的定义

1. 化学平衡的概念

平衡的中文意义是:①对立的各方面在数量或质量上相等或相抵;②两个或两个以上的力作用于一个物体上,各个力相互抵消,使物体呈相对的静止状态;③主化学平衡状态是指在一定条件下的可逆反应里,正反应和逆反应的速率相等,反应混合物中各组分的浓度保持不变的状态。

上述三句话中,第一句话界定了化学平衡讨论的对象(可逆反应,简记为"逆");第二句话阐述了化学平衡的实质[v(正)=v(逆),简记为"等"];第三句话描绘了化学平衡的结果[(组分)一定,简记为"定"]。

2. 化学平衡的特征

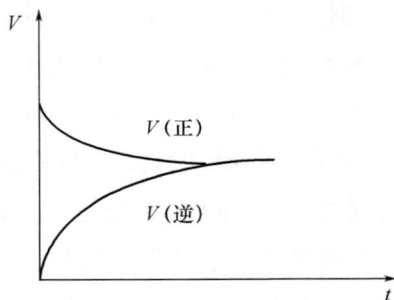

图 1-1

(1)"逆":化学平衡讨论的对象是可逆反应。

这决定了每种反应物都不可能完全消耗。

(2)"等":v(正)=v(逆)。

(3)"动":化学平衡是动态平衡而不是静态平衡,即 v(正)=v(逆)>0。换句话说,处于化学平衡状态时,正反应和逆反应并没有停止,只不过其速率相等,相互抵消了而已。

(4)"定":反应处于平衡状态时,各组分的浓度不再改变。

(5)"变":改变影响化学反应速率的外界条件,可能使"v(正)=v(逆)"演变成"v(正)≠v(逆)",此时化学平衡被破坏,这就是化学平衡的移动。

（二）速率定律

1. 速率定律的基本概念

速率定律作为化学反应动力学的核心理论,深刻揭示了化学反应速率与反应物浓度之间的内在联系。这一理论通过精确的数学模型,即速率方程,来量化反应速度如何随反应物浓度的变化而变化。在这个方程中,反应速率常数 K 扮演着举足轻重的角色,它是反应在特定温度下的固有属性,体现了反应本身的快慢。值得注意的是,K 值并不受反应物浓度的影响,这意味着即使反应物的浓度发生变化,反应速率常数依然保持稳定,这一特性使得 K 成为描述化学反应动力学的关键参数。通过速率定律,科研人员能够更深入地理解化学反应的本质,预测和控制反应过程,从而优化实验条件,提高生产效率,减少不必要的资源浪费。

2. 速率定律的应用

速率定律在化学、化工、生物化学等多个领域均展现出其深远的应用价值。这一理论工具为我们提供了深入理解和预测化学反应在不同环境下行为的能力,特别是在不同反应物浓度条件下,反应将以何种速度进行。这种洞察对于实验设计、工业制造流程的优化乃至环境研究的深化都显得尤为重要。在制药工业中,对反应速率的精准掌握是实现药物有效合成的关键,它不仅可以提高生产效率,还能在一定程度上保证药品的质量和安全性。而在环境化学领域中,速率定律同样发挥着举足轻重的作用。通过它,科学家们可以更为准确地预测和控制污染物的降解速度,从而为环境保护和污染治理提供有利的科学依据。

3. 影响反应速率的因素

反应速率作为化学动力学的一个关键指标,受到多种因素的共同影响。在这些因素中,反应物的浓度、体系的温度、使用的催化剂以及气相反应中的压力都是至关重要的。借助速率定律这一有力工具,人们能够精确地分析和量化这些外部条件对反应速度的具体影响。举例来说,当反应物的浓度上升时,反应速率往往会随之加快。这是因为更高的浓度意味着反应体系中存在更多的反应物分子,进而提升了它们之间发生有效碰撞并引发化学反应的概率。此外,温度的提升也会对反应速率产生显著影响。随着温度的升高,分子运动的剧烈程度和相互碰撞的频率都会有所增加,这无疑为化学反应的发生创造了更多可能。而催化剂的加入,则能有效降低化学反应所需的活化能,使得在相同条件下,反应能够更为迅速地进行,且这种加速作用并不会对反应的最终平衡状态造成影响。

(三)影响化学反应速率的因素

1. 反应物本身的性质

反应物本身的性质是影响化学反应速率的关键内因。由于不同物质具有各异的反应活性,因此它们参与化学反应的难易程度也各不相同。这种差异主要源于反应物的化学结构和性质,这些因素共同决定了反应是否可以进行以及进行的快慢。举例来说,某些物质因其较高的反应活性,能够在相对温和的条件下,如较低的温度和压力,就迅速发生化学反应。这种高反应活性往往与物质的分子结构、化学键类型以及电子分布等性质紧密相关。相反,另一些物质可能由于具有较为稳定的化学结构,需要输入更高的能量,如提高温度或压力,才能激发其进行化学反应。因此,深入了解反应物的化学性质和结构特点,对于预测和控制化学反应的速率至关重要。

2. 浓度

浓度作为化学反应速率的关键因素,对反应速度有着直接影响,反应物的浓度越高,反应进行的速率往往也越快。这一现象的原因在于,高浓度环境下反应物分子间的碰撞变得更为频繁,从而大大增加了有效碰撞的概率。有效碰撞是指那些具有足够能量且方向合适的碰撞,能够引发化学反应。因此,随着反应物浓度的提升,单位体积内的活化分子数目也随之增多。活化分子指的是那些能量足够高、有可能发生化学反应的分子,当这些活化分子的数量增加时,它们之间的相互作用和碰撞变得更加频繁,从而显著提高化学反应的速率。无论是简单的酸碱反应还是复杂的有机合成反应,这种影响在各类化学反应中都是一致的。因此,通过调整反应物的浓度,可以有效地控制化学反应的速率,这对于实验室研究以及工业生产都具有重要意义。

3. 温度

温度对化学反应速率的影响是极为显著的。随着温度的逐渐提升,反应物分子的热运动变得更加剧烈,运动速度明显加快。这种加速运动不仅增加了分子间的碰撞频率,使得反应机会增多,而且提高了分子所具有的能量。因此,更多的分子能够获得足够的能量,达到或超过进行化学反应所需的活化能状态。当分子达到这种高能状态时,它们之间的碰撞更有可能导致有效的化学反应,从而增加了有效碰撞的次数。实验数据表明,每当温度升高10 ℃,由于上述原因,化学反应的速率通常会增加到原始速率的2

至 4 倍。这一现象不仅揭示了温度与化学反应速率之间的紧密联系，也为实际应用提供了重要指导，例如在工业生产中，通过调整温度来优化生产效率和产物质量；在实验室研究中，利用温度来控制反应的进行和产物的生成等。

4. 压强

对于有气体参与的反应而言，压强成为一个不可忽视的影响因素。增大反应体系的压强，实际上相当于提升了反应物的浓度。这是因为，在固定的容器内，压强的增加意味着单位体积内气体分子的数量增多。随着气体分子密度的提高，它们之间的碰撞频率也自然而然地增加。这种频繁的碰撞为化学反应提供了更多的触发机会，从而推动了反应的进行，使得反应速率得以提升。然而，值得注意的是，压强对反应速率的影响并非普遍存在。它主要作用于涉及气体的化学反应，对于没有气体参与的反应，压强变化通常不会带来显著的影响。

5. 催化剂

催化剂在化学反应中发挥着举足轻重的作用，它能够显著提升化学反应的速率。这一作用的实现，主要归功于催化剂降低反应活化能的能力。通过降低活化能，催化剂使得原本难以达到反应所需能量状态的分子变得容易激发，从而有更多的反应物分子能够跃迁至活化状态并顺利参与反应。此外，催化剂还具有改变反应路径的神奇功效，为反应提供了更为高效的通道，使得整个化学反应过程变得更加顺畅。值得一提的是，尽管催化剂能够大幅度提升反应速度，但它并不改变反应的平衡常数。这意味着，在催化剂的作用下，反应虽然进行得更快，但反应的最终平衡状态并未受到影响。催化剂只是加速了反应达到这一平衡状态的速度，让化学反应在更短的时间内完成。

三、化学平衡与反应速率的关系

(一)化学平衡与反应速率的基本概念

化学平衡是化学反应中的一种特殊状态,它指的是在一定条件下,正反应和逆反应的速率达到相等,从而使得反应物和生成物的浓度保持在一个动态的稳定状态。这种状态并非静止不动,而是反应物和生成物之间在不断地相互转化,但总体上保持一种动态的平衡。反应速率是用来描述化学反应进行得快慢,它是指单位时间内反应物或生成物浓度的变化量。反应速率快,意味着浓度变化迅速;反应速率慢,则浓度变化平缓。值得注意的是,化学平衡与反应速率之间存在着紧密的联系。平衡状态的实现,正是建立在正逆反应速率相等的基础之上。

(二)反应速率对化学平衡的影响

反应速率在化学平衡中扮演着举足轻重的角色,其影响主要体现在两个方面。反应速率直接决定了反应体系达到平衡状态的速度。当正反应速率超越逆反应速率时,反应会朝着正方向推进,从而导致生成物的浓度逐渐累积增加;相反地,如果逆反应速率占据上风,那么反应将会向逆方向进行,进而使得反应物的浓度上升。仅当正反应与逆反应的速率达到完全相等时,整个反应体系才会达到一种动态的平衡状态。此外,反应速率还关乎平衡状态的稳定性。一旦外部环境条件发生变化,比如温度、压力或浓度的调整,这些变化都会引发正逆反应速率的波动。这种速率的改变,会进一步导致原有的平衡状态被打破,平衡发生移动,重新寻找一个新的平衡点。

（三）化学平衡状态下的反应速率

化学平衡状态下的正反应速率与逆反应速率相等，是化学反应动态平衡的核心特征。这种状态并不意味着化学反应已经停止，相反，它表示正反应和逆反应仍在持续进行，但两者的速度恰好相等，从而使得反应物和生成物的浓度维持在一个稳定的动态平衡之中。这种状态下的反应速率，即平衡速率，是化学反应在平衡态下的特有表现。平衡速率并非固定不变，它受到诸如温度、压力、浓度等多种反应条件的影响。当这些外部条件发生改变时，平衡速率会相应地调整，这种调整可能导致化学平衡的移动，即反应物和生成物的浓度比例发生变化。

第二章 无 机 化 学

第一节 无机化合物的分类与性质

一、无机化合物的分类

(一)氧化物

1. 按与氧化合的另一种元素的类型分类

氧化物可以根据与氧元素结合的另一种元素的类型分为金属氧化物和非金属氧化物。金属氧化物是由金属元素和氧元素组成的化合物,如氧化钙(CaO)和氧化铁(Fe_2O_3)。非金属氧化物则是由非金属元素和氧元素组成的化合物,如水(H_2O)和二氧化碳(CO_2)。

2. 按成键类型或组成粒子类型分类

根据成键类型或组成粒子类型,氧化物可以分为离子型氧化物和共价型氧化物。离子型氧化物是由离子键构成的,通常包含金属元素和氧元素,如氧化钠(Na_2O)。共价型氧化物则是由共价键构成的,通常包含非金属元素和氧元素,如二氧化碳(CO_2)。

3. 按氧的氧化态分类

氧化物还可以根据氧的氧化态分为普通氧化物、过氧化物、超氧化物和臭氧化物。普通氧化物中,氧的氧化态为-2,如水和二氧化碳。过氧化物中,氧的氧化态为-1,如过氧化氢(H_2O_2)。超氧化物中,氧的氧化态为-1/2,如超氧化钾(KO_2)。臭氧化物中,氧的氧化态为-1/3,如臭氧(O_3)。

4. 按酸碱性及是否与水生成盐分类

根据氧化物的酸碱性及是否与水反应生成盐,可以将氧化物分为酸性氧化物、碱性氧化物、两性氧化物、中性氧化物和复杂氧化物。酸性氧化物是指能跟碱反应生成盐和水的氧化物,如二氧化碳和三氧化硫。碱性氧化物是指能跟酸反应生成盐和水的氧化物,如氧化铜和氧化铁。两性氧化物则是指既能跟酸反应又能跟碱反应生成盐和水的氧化物,如氧化铝。中性氧化物是指既不与酸反应也不与碱反应的氧化物,如一氧化碳和一氧化氮。复杂氧化物则是指那些具有特殊性质和结构的氧化物,如过氧化氢等。

(二)酸和碱

1. 酸的分类

(1)按电离程度分类

酸可以根据它们在水中的电离程度分为强酸和弱酸。强酸是指在水溶液中完全电离的酸,如盐酸(HCL)、硫酸(H_2SO_4)、硝酸(HNO_3)等。这些酸在水中几乎完全解离出氢离子(H^+),显示出强烈的酸性。弱酸则是指在水溶液中不完全电离的酸,如醋酸(CH_3COOH)、碳酸(H_2CO_3)等。弱酸在水中只有部分分子会电离出氢离子,因此其酸性相对较弱。这种分类方式对于理解酸的化学性质和反应行为至关重要。

(2)按有机无机分类

酸还可以分为有机酸和无机酸。无机酸主要包括硫酸、盐酸、硝酸等,它们不含有碳元素,主要由无机物质组成。这些无机酸通常具有强烈的氧化性和腐蚀性。有机酸则是指含有碳元素的酸,如醋酸、柠檬酸等。有机酸广泛存在于自然界中,许多食物和饮料中都含有有机酸。有机酸的酸性相对较弱,但它们在生物化学和有机化学中发挥着重要作用。

（3）按功能团分类

根据酸分子中的功能团,酸可以分为羧酸、磺酸、磷酸等。羧酸是一类含有羧基（-COOH）的有机酸,如醋酸、柠檬酸等。磺酸则是含有磺基（-SO_3H）的酸,如甲磺酸等。磷酸是含有磷酸基团（-PO_3H_2）的酸,它在生物体内发挥着重要的生理功能。这种分类方式有助于我们理解不同类型酸的结构和性质差异。

（4）按来源和用途分类

根据来源和用途,我们可以将酸分为无机酸、合成酸和天然有机酸等。无机酸主要来源于矿物资源,如硫酸可以从硫铁矿中提取。合成酸则是通过化学合成方法制得的酸,如盐酸可以通过氢气和氯气的反应制得。天然有机酸主要来源于植物和微生物的代谢产物,如柠檬酸广泛存在于柑橘类水果中。这种分类方式反映了酸的来源和实际应用背景。

2. 碱的分类

（1）按电离出的氢氧根离子个数分类

碱可以根据一个碱分子电离出的氢氧根离子（OH⁻）的个数进行分类。这种分类方法有助于我们理解碱的强度和反应活性。一元碱,如氢氧化钠（NaOH）,每个分子能电离出一个氢氧根离子。二元碱和多元碱则可以电离出两个或更多的氢氧根离子。这种分类方式反映了碱分子在水溶液中的电离程度,从而影响了碱的化学性质和用途。了解碱的电离程度对于预测和控制化学反应至关重要。

（2）按溶解性分类

根据碱在水中的溶解性，我们可以将碱分为可溶性碱、微溶性碱和难溶性碱。可溶性碱，如氢氧化钠和氢氧化钾，能完全溶解在水中，形成透明的溶液。这类碱在化学反应中表现出较高的活性。微溶性碱在水中溶解度较低，但仍能形成一定浓度的溶液。而难溶性碱，如某些氢氧化物，几乎不溶于水，这限制了它们在某些化学反应中的应用。溶解性是影响碱反应性的重要因素之一。

（3）按电离能力分类

碱的电离能力也是分类的一个重要依据。根据碱在水溶液中电离的程度，我们可以将碱分为强碱和弱碱。强碱，如氢氧化钠和氢氧化钾，能够在水中完全电离，生成大量的氢氧根离子。这些强碱通常具有较高的 pH 值，对化学反应有强烈的催化作用。相反，弱碱在水中电离程度较低，生成的氢氧根离子较少。这类碱通常具有较低的 pH 值，对化学反应的催化作用较弱。

（4）常见碱的举例

在实际应用中，我们经常会遇到一些特定的碱。氢氧化钠（NaOH），俗称火碱或烧碱，是一种强碱，广泛用于制造肥皂、纸张、人造丝等工业生产中，也用于石油、冶金等行业。氢氧化钙（Ca(OH)$_2$），俗称熟石灰或消石灰，是一种微溶性的碱，常用于建筑和农业领域。例如，在农业中，它可以用来改良酸性土壤或配制农药。氢氧化钾（KOH）也是一种强碱，其水溶液具有强烈的腐蚀性，常用于制造肥皂、洗涤剂以及作为各种化学反应的催化剂。这些常见的碱在我们的日常生活和工业生产中发挥着重要作用。

(三) 盐和碱金属

1. 盐的分类

(1)按原料来源和生产方法分类

盐可以根据其原料来源和生产方法分为海盐、湖盐、井矿盐等。海盐是通过海水蒸发后得到的,通常在海边晒盐场进行生产,其纯净度较高。湖盐则是从内陆的咸水湖中提取的,由于含有更多的矿物质和微量元素,因此口感和营养价值可能有所不同。井矿盐则是通过开采地下岩盐矿层得到的,通常需要经过加工提纯才能使用。此外,根据生产方法的不同,盐还可以分为真空蒸发制盐、平锅制盐、日晒盐和粉碎盐等。这些分类方式主要反映了盐的来源和生产工艺,对于了解盐的品质和特性具有重要意义。

(2)按化学成分分类

从化学成分的角度来看,盐可以分为正盐、酸式盐、碱式盐等。正盐是指由金属离子(包括铵根离子)和酸根离子构成的化合物,如氯化钠($NaCL$)。酸式盐则还含有氢离子,如碳酸氢钠($NaHCO_3$)。碱式盐还含有氢氧根离子,如碱式碳酸铜$[Cu_2(OH)_2CO_3]$。这些分类主要基于盐的化学成分和结构特点,有助于我们深入理解盐的化学性质和用途。

(3)按用途和纯度分类

根据盐的用途和纯度,可以将其分为普通食用盐、餐桌盐、加碘盐、肠衣盐、药用盐等。普通食用盐是经过严格加工制造的,用于日常烹饪调味。餐桌盐通常颗粒较大,适合撒在食物表面增加口感。加碘盐则是在普通食用盐的基础上添加了碘化物,用于预防碘缺乏症。肠衣盐是用于腌制肠衣的专用盐。药用盐则是用于医疗用途的盐类产品。这种分类方式主要反映了盐的应用场景和特定需求,对于指导盐的合理使用具有重要意义。

2. 碱金属的性质

(1)物理性质

碱金属的物理性质表现出一些共同的特点。首先,它们都是银白色的金属,具有良好的导电性和导热性。这是因为碱金属的原子结构使得其外层电子容易成为自由电子,从而形成良好的导电体。其次,碱金属的密度相对较小,且随着原子序数的增加,密度逐渐增大,但钾的密度例外地比钠小。此外,碱金属的熔点和沸点都相对较低,这使得它们在常温下就容易呈现液态或气态。这些物理性质使得碱金属在许多领域有着广泛的应用,例如在电池、冶金和化学反应中都有重要作用。

(2)化学性质

碱金属的化学性质极为活泼。由于它们的最外层只有一个电子,这个电子很容易丢失,从而使碱金属具有正的化合价。这种性质使得碱金属能够与其他元素发生化学反应,尤其是与非金属元素结合形成离子化合物。例如,碱金属与卤素反应会生成对应的卤化物。此外,碱金属还能与水发生剧烈反应,生成氢气和相应的氢氧化物,且随着原子序数的增大,反应能力逐渐增强。这种化学活泼性使得碱金属在化学反应中发挥着重要作用。

(3)贮存与用途

由于碱金属的性质极为活泼,因此在贮存时需要特别注意。一般来说,为了避免与空气中的氧气或水发生反应,碱金属需要被保存在矿物油或稀有气体中。此外,不同碱金属的保存方法也有所不同,例如锂通常需要保存在石蜡中以防止与空气中的氧气和水反应。在用途方面,碱金属因其独特的性质而被广泛应用于各个领域。例如,在电池制造中,锂、钠等碱金属是关键的原材料;在化学反应中,它们可以作为催化剂或还原剂;此外,在冶金、照明、能源等领域也有着广泛的应用。总的来说,了解碱金属的性质对于其正确应用和贮存具有重要意义。

(四)配位化合物

1. 简单配位化合物

简单配位化合物是指那些结构相对简单,通常由单核金属离子和一个或多个单齿配体组成的配合物。这类配合物的中心金属离子通常与一个或多个配体直接配位,形成稳定的化学结构。例如,$[Cu(NH_3)_4]SO_4$ 就是一种典型的简单配位化合物,其中铜离子作为中心金属离子,与四个氨分子配位。简单配位化合物在化学反应中扮演着重要角色,它们可以作为催化剂、氧化还原剂等。此外,这类化合物还在生物化学、医药等领域具有广泛应用,如血红蛋白中的铁离子与卟啉环形成的配合物,在生物体内起着运输氧气的重要作用。

2. 螯合配位化合物

螯合配位化合物是指那些含有螯合配体的配合物。螯合配体是一种具有两个或多个配位原子的多齿配体,它们能够同时与中心金属离子形成多个配位键,从而形成稳定的环状结构。这种特殊的结构使得螯合配位化合物具有极高的稳定性。常见的螯合配体包括乙二胺四乙酸(EDTA)、乙酰丙酮等。螯合配位化合物在分析化学、生物化学等领域有着广泛应用,如在生物体内,许多金属酶和蛋白质都含有螯合配位结构,这些结构对于其生物功能的发挥至关重要。

3. 多核与特殊结构配位化合物

多核配位化合物是指那些含有多个金属中心的配合物。这类配合物中的金属离子之间通过桥联配体相连接,形成复杂的空间结构。多核配位化合物在催化、磁性材料等领域具有潜在应用价值。除了多核配位化合物外,还有一些具有特殊结构的配位化合物也值得关注,如夹心配合物、穴状配合物等。这些特殊结构的配位化合物在材料科学、能源科学等领域展现出独特的性质和应用前景。例如夹心配合物中的二茂铁$[Fe(C_5H_5)_2]$是一种具有特殊芳香性和稳定性的有机金属化合物,在催化、储能等方面具有潜在应用。

(五)硫化物和其他化合物

1. 硫化物的类型

硫化物是一类含有硫元素的化合物,通常与电正性较强的金属或非金属元素结合。根据结合元素的不同,硫化物可以分为多种类型。例如,金属硫化物,这类化合物由一个或多个金属元素与硫元素结合而成,如铁硫化物(FeS)、铜硫化物(Cu_2S)等。此外,还有非金属硫化物,如硫化氢(H_2S),它是一种无色有毒气体,具有臭鸡蛋气味,在工业生产中有一定的应用,同时也是一种重要的环境污染物。

2. 硫的含氧酸盐

硫的含氧酸盐是另一类重要的含硫化合物。这类化合物由硫、氧和金属或非金属元素组成。例如,硫酸盐是一类常见的含氧酸盐,其中硫酸钠(Na_2SO_4)、硫酸钙($CaSO_4$)等都是典型的代表。

这些化合物在工业、农业和日常生活中都有广泛的应用。此外,还有亚硫酸盐、硫代硫酸盐等含氧酸盐类型。

3. 其他含硫化合物

除了硫化物和硫的含氧酸盐外,还存在其他类型的含硫化合物。例如,硫醇是一类含有硫和羟基(-OH)的有机化合物,具有特殊的气味和化学性质。此外,还有硫醚、二硫化物、多硫化物等复杂的含硫化合物。这些化合物在有机化学、生物化学和药物化学等领域都有重要的应用和研究价值。

二、无机化合物的性质

(一)物理性质

1. 状态与颜色

无机化合物的状态和颜色是化学领域中非常关键的物理性质,对于初步认识和鉴别物质起着至关重要的作用。状态,即物质在常温常压下的具体形态,是无机物的基本属性之一。无机化合物可以呈现出固态、液态或气态,这取决于其分子间的作用力以及环境温度和压力条件。举例来说,氯化钠,也就是日常生活中所说的食盐,它在常温下以固态形式存在,具有稳定的晶体结构,这是由于钠离子和氯离子之间通过离子键紧密结合的结果。相反,水在常温条件下则呈现出液态,其分子间通过氢键相互连结,但又不如离子键那般牢固,因此具有一定的流动性。颜色,作为无机化合物另一项显著的物理性质,通常是由物质内部电子的能级跃迁所导致的。无机物的颜色多种多样,丰富多彩,可以直接通过肉眼观察得到。以硫酸铜为例,它呈现出的鲜艳蓝色是由于铜离子在晶体场中的 D-D 跃迁所引发的特定光吸收和反射造成的。而高锰酸钾那种醒目的紫黑色,则是由其分子内部复杂的电子结构和能级分布决定的,这种颜色不仅引人注目,同时也反映了该化合物的独特化学性质。

2. 密度与溶解度

密度和溶解度作为无机化合物的关键物理性质,在科学研究和实际应用中占据重要地位。密度,即单位体积内物质的质量,是鉴别酚类物质的重要依据。通过简单的密度测定,可以快速区分不同物质或判断物质的纯度。这一性质在材料科学、地质学和化学工业等多个领域具有广泛的应用价值。溶解度是衡量无机化合物在特定溶剂中溶解能力的指标,它受温度和压力的影响。了解物质的溶解度对于预测和控制化学反应、优化工艺条件至关重要。以食盐为例,其在水中的高溶解度使得它成为调味品和食品加工中的重要成分。相反,某些金属氧化物的低溶解度则限制了它们在水溶液中的应用,但在其他领域如陶瓷制造中可能发挥重要作用。这些物理性质不仅在学术研究中占据一席之地,更在工业生产、环境监测和药物研发等领域展现出实际应用价值。在工业生产中,了解原料的密度和溶解度有助于优化生产流程和提高产品质量。在环境监测方面,这些性质可以帮助科学家了解污染物的扩散和沉积行为。在药物研发领域,药物的溶解度和密度直接影响其生物利用度和药效,因此是药物设计中的重要考虑因素。

3. 熔点与沸点

熔点和沸点是反映无机化合物稳定性的两个核心参数。熔点,即固态物质开始熔化为液态的临界温度,而沸点则是液态物质开始剧烈气化变为气态的温度点。对于各式各样的无机化合物而言,其熔点和沸点各不相同,这一特性为科学家提供了辨识和研究物质内在性质的窗口。以纯水和食盐为例,水在标准大气压下的沸点是 100 摄氏度,这一温度是水分子间氢键断裂,液态水变为水蒸气的转折点。相较之下,食盐即氯化钠的熔点高达 801 摄氏度,这体现了离子化合物中离子键的较高稳定性,需在较高温度下才能破坏其结构使固态食盐熔化。熔点和沸点的差异不仅受到物质纯度的影响,更与其内部的化学键类型和结合强度紧密相关。离子键、共价键、金属键等不同类型的化学键,其键能和稳定性各不相同,从而决定了物质的熔沸点特性。

4. 导电性与导热性

导电性和导热性,作为无机化合物在电场和热场中的关键性质,对于理解材料的物理特性和实现特定应用至关重要。导电性,即物质传递电流的能力,直接关系到电子在物质中的流动效率。金属氧化物,如铜氧化物或铁氧化物,因其内部存在大量的自由电子,通常展现出优异的导电性,使得这类材料在电子工程领域,尤其是电路板和电极制造中有着广泛应用。导热性则衡量了物质在受热时传递热量的速度和能力,物质的导热性能直接影响到其作为散热材料的适用性。一些金属氧化物,由于原子排列紧密,热量传递效率高,因此被广泛应用于散热器和热交换器的制造中。与此同时,非金属氧化物,如二氧化硅等,可能由于内部电子结构的不同,导电性和导热性相对较差。这类材料在隔热、保温等方面表现出色,常被用于建筑材料的制造。

(二)化学性质

1. 无机化合物的酸碱性质

无机化合物的酸碱性质是化学领域中极为关键的特性之一。

这种性质主要体现在无机物在水溶液中如何影响氢离子(H^+)和氢氧根离子(OH^-)的平衡。一些无机物具有释放氢离子的能力，从而表现出酸性，例如硫酸和盐酸。当这些物质溶解在水中时，它们会电离出大量的氢离子，使得溶液整体呈现酸性。这种酸性环境对许多化学反应有重要影响，也是很多工业过程和实验室操作的关键因素。相反，有些无机物则能够接受氢离子或释放氢氧根离子，从而表现出碱性，如氢氧化钠和氢氧化钙，这些物质在水溶液中产生的氢氧根离子会使溶液显碱性。碱性物质同样在化学、工业、生物等多个领域发挥着不可或缺的作用。酸碱性质不仅决定了无机物在水溶液中的酸碱度，还与其诸多其他化学性质紧密相连。例如，酸碱性质会直接影响无机物的反应活性，因为很多化学反应都是在特定的酸碱条件下进行的。

2. 无机化合物的氧化还原性质

无机化合物的氧化还原性质是化学领域中一个极为关键的概念。许多无机物都具备参与氧化还原反应的能力，这种反应涉及电子的得失，从而使物质改变其氧化态。这种性质不仅揭示了无机物在化学反应中的活跃性和多样性，也为众多科学和工业领域提供了重要的应用基础。以铁离子和亚铁离子的转化为例，这一氧化还原过程在生物学、环境科学和工业生产中都有着深远的影响。铁是生物体中不可或缺的微量元素，其氧化还原状态的变化直接影响生物体的代谢过程。在环境科学中，铁离子的氧化还原反应与水体和土壤的污染修复密切相关。同样，铜离子还原为金属铜也是一个典型的氧化还原反应，这一反应在冶金、电镀以及电子行业中有着广泛的应用。例如，在电镀过程中，通过控制电流和电压，可以实现铜离子在阴极上的还原，从而得到致密的铜镀层，提高材料的导电性和耐腐蚀性。

3. 无机化合物的络合性质

无机化合物的络合性质是其多样化学特性中的一个重要方面,许多无机离子拥有与配体结合的能力,形成稳定的络合物。这些配体形式多样,既可以是分子也可以是离子,它们通过配位键与中心离子紧密结合。络合反应的发生,显著改变了无机物的原始性质,无论是物理状态还是化学行为,都可能因此产生新的特点。正是由于这种络合性质,无机化合物在多个领域得到了广泛应用。在催化领域,特定的络合物能作为催化剂,提高化学反应的效率和选择性。在分析化学中,络合反应常被用于检测和分离金属离子,其高度的选择性和灵敏度使得分析方法更为精确和可靠。此外,在生物化学领域,金属离子与生物分子如蛋白质或核酸形成的络合物,在生命活动中扮演着关键角色,如酶的催化功能、氧气的运输等。特别是金属离子与有机配体结合形成的金属有机络合物,不仅稳定性强,而且往往具有独特的功能性,这使得无机化学与有机化学的交叉领域成为研究热点。

4. 无机化合物的稳定性与反应性

无机化合物的稳定性和反应性是其固有的核心化学性质,对科学研究和工业应用均具有重要意义。稳定性,即化合物在特定环境条件下维持其原有结构不发生改变的特性,是决定化学物质能否长期储存和使用的关键因素。例如,某些无机盐在常温下稳定,但在高温环境下可能会分解,这一性质直接关系到它们在工业生产中的使用条件和储存要求。而反应性则体现了化合物与其他物质发生化学反应的能力,揭示了化学物质在特定条件下可能发生的转化和变化。比如,一些金属氧化物可以与酸发生中和反应,生成相应的盐和水,这种反应性的强弱直接影响到化学工艺的选择和优化。无机化合物的稳定性和反应性受到其组成元素性质、分子结构以及化学键类型等多重因素的共同影响。例如,化学键的强度和类型决定了分子间的相互作用力,从而影响化合物的稳定性和反应活性。

第二节　无机化合物的制备与分离提纯

一、无机化合物的制备方法

(一)固相反应法

固相反应法是制备无机化合物的重要手段,它利用固体原料间的直接化学反应来达到制备目的。由于固相反应多在高温环境下进行,因此能有效促进原料间的充分化学反应。在这一过程中,原料的混合均匀性显得尤为重要,它直接影响反应的均匀性和产物的性能。同时,精确控制反应温度和时间也是确保产品质量的关键,过高或过低的温度以及反应时间的长短都会对产品性能产生显著影响。除了传统的陶瓷材料和金属氧化物,固相反应法还展现出在合成新型无机材料方面的潜力。通过精心调控反应条件,可以制备出具有特定结构和优异性能的新型无机材料。例如,高温固相反应被广泛应用于制备高性能的压电陶瓷,这类材料在电子设备、传感器等领域有着广泛应用。此外,固相反应法也是制备磁性材料的重要途径,这些材料在数据存储、电机制造等领域发挥着不可或缺的作用。

(二)液相反应法

液相反应法在无机化合物制备中占据重要地位,它是指在溶液中进行化学反应,利用溶质的溶解性质和溶液中的均匀反应环境,制备出所需无机物。这种方法因其反应条件温和、容易操作且能得到高纯度产物而广受青睐。在液相反应中,反应物的混合更加均匀,有助于提高反应的效率和产物的均匀性。此外,产物的粒度也可通过调整反应条件进行有效控制,这在材料制备中尤为重要。液相反应涵盖多种类型,如沉淀反应和水解反应等。以沉淀反应为例,向金属盐溶液中加入适量的沉淀剂,通过化学反应可以生成金属氢氧化物或盐类等无机化合物。这种方法不仅简单易行,而且产物纯度高,广泛应用于实验室及工业生产中。特别是在纳米材料制备领域,液相反应法展现出其独特的优势。

(三)气相反应法

气相反应法在无机化合物制备中占据重要地位,它主要利用气体原料进行化学反应。这一方法的优势在于能够制备出高纯度的薄膜材料和纳米材料。其中,化学气相沉积(CVD)技术尤为关键,它通过在高温环境下使气体原料发生化学反应,并将反应产物沉积在特定的基底上,从而制备出多种无机薄膜材料。这些薄膜材料在微电子、光电子等领域具有广泛应用,是现代科技发展不可或缺的重要材料。气相反应法的实施需要高精度的设备来精确控制反应条件,如温度、压力、气体流量等。这些因素的精准调控对于确保产物的质量和性能至关重要。虽然气相反应法对设备的要求较高,但正是由于这种精准的控制,使得该方法能够制备出高质量、高性能的无机化合物。

（四）电解法

电解法是一种利用电解原理来制备无机化合物的重要方法。在电解过程中,通过施加电流,使得某些盐类或氧化物在电极上发生氧化还原反应,从而分解为其组成的元素。这种方法具有高效、纯净的特点,因此被广泛应用于高纯度金属或非金属单质的制备。以电解熔融的氯化钠为例,当电流通过时,氯化钠分解为金属钠和氯气。这种电解法制备的金属钠和氯气纯度高,适用于各种化学反应和工业生产需求。此外,电解法还可以用于制备其他特殊的无机化合物,如金属氧化物、氢氧化物等。然而,电解法也存在一定的局限性,特别是其能耗较高。电解过程需要大量的电能来驱动氧化还原反应,这使得生产成本相对较高。因此,在实际应用中,需要综合考虑电解法的经济效益和环境影响。

二、无机化合物的分离提纯方法

（一）蒸馏与分馏

蒸馏是分离不同沸点液体混合物常用的一种物理方法,即借助于被分离物气-液相变过程以达到分离纯化的目的,主要用于常量组分和低沸点组分的分离。用蒸馏可除去大量低沸点的溶剂,使样品得到浓缩。馏出物中如含有不止一个组分,就需要用精密的装置来分离。

液体混合物中两相的出现,是由于液体混合物部分蒸发而形成蒸气的结果,各相可以分别回收有用组分,易挥发组分富集于蒸气,难挥发组分则在液体中得到富集。分离的效率取决于混合物组分的物理性质和采用的设备以及蒸馏方法。蒸馏理论是利用气-液平衡的原理,是以相平衡为基础的。其定义为某些组分从一向转移到另一向的速度与反方向转移的速度相等时,两相浓度不变。

蒸馏类型有简单蒸馏、分蒸馏(精馏)、闪馏、真空蒸馏、分子蒸馏、水蒸气蒸馏、共沸蒸馏、萃取蒸馏、升华等。

1. 常规蒸馏(CONVENTIONAL DISTILLATION)

包括简单蒸馏和分馏两种方法。简单蒸馏往往是间断的过程,而分馏既可以是间断的,也可以连续进行的。

(1)简单蒸馏。简单蒸馏装置由蒸馏瓶、冷凝管、接收器等组成。

(2)分馏(FRACTIONAL DISTILLATION)。分馏是借助气-液两相的相互接触,反复进行汽化和部分冷凝作用,是混合液分离或改变组分的过程。它实际上就是多次汽化和多次冷凝的简单蒸馏过程的集合。

2. 真空蒸馏(VACUUM DISTILLATION)

真空蒸馏是在简单蒸馏的基础上加入抽气装置的一种方法。抽气装置如水泵、机械泵等,真空压力可达 0.1~0.7 KPa。

3. 水蒸气蒸馏(STEAM DISTILLATION)

水蒸气蒸馏实际上是一种简单蒸馏,常用于以下情况:常压下沸点高或在沸点下易燃烧物质的蒸馏;用于高沸点物从难挥发物或不挥发物中分离出来;采用高温热源有困难时,可采用水蒸气蒸馏。

4. 共沸蒸馏(AZEOTROPIC DISTILLATION)

共沸蒸馏和萃取蒸馏(EXTRACTIVE DISTILLATION)是相似

的,都是通过加入第三种组分(共沸剂或萃取剂)致使组分的挥发度改变而获得较好的分离,但实验方法不同。此类型的蒸馏多用于分离沸点相近而化学性质不相似的物质以及能形成恒沸的物质。这些物质用一般蒸馏是无法分离的,而加入另一种物质改变其相对挥发度时则成为可能。

5. 升华(SUBLIMATION)

升华可定义为一种固体未经过液相而出现的直接汽化,因此它基本上是一种固体蒸馏。升华不同于普通蒸馏,它是被精制的物质由气相凝为固体而不是液体。通常在加热系统用泵减低压力,而蒸气则经过较短距离后被冷凝在"冷指"内或某些其他冷表面上。这一技术既能用于许多有机固体,也能用于氯化铝、氯化铵、三氧化二砷、碘和其他一些无机物。在某些情况下,要向被加热的物质表面通惰性气体,使其充分气化。

(二)重结晶

重结晶法是最简单、最有效的一种提纯物质的方法。利用物质的溶解度在高温下升高、在低温下降低的原理,可以先制备物质高温下的饱和溶液,过滤除去不溶性的杂质,然后冷却溶液便可以结晶析出相当纯净的晶体,微量的杂质仍留在母液中。在结晶过程中,杂质的分子有可能被主要成分物质的晶体机械地包藏着,也不可避免地被晶体表面所吸附,有些杂质还可以和主成分物质形成同晶型的固溶体。杂质离子也能取代主成分物质中的离子,进入晶格,形成杂质缺陷。此外,用重结晶法来分离同晶型物质在原则上是不可能的,在这种情况下,必须采用别的方法。例如提纯铝铵矾作为制备红宝石激光晶体的原料时,不可能用结晶法除去

Fe^{3+}，因为铝铵矾和铁铵矾是类质同晶化合物，在 pH = 2 时进行重结晶，提纯系数不超过 10；但如果事先把 Fe^{3+} 还原成 Fe^{2+}，就可以消除类质同晶现象可使提纯系数达到 100。提纯系数是指物质中提纯前和提纯后杂质的含量之比。重结晶法提纯物质的效率也取决于物质的溶解度，溶解度小的物质的提纯效率要比溶解度大的物质的高，该法不太适用于易溶物质。

重结晶是一种相变过程。从平衡态热力学观点看，当外界条件如温度、压力等的变化使体系达到相转变点时，则会出现相变而形成新相。然而事实上并非如此，因为新相的出现往往需要母相经历一次"过冷"或"过热"的亚稳态才能发生。其原因是，要使相变能自发进行，则必须使过程自由能变化 $AG<0$，另一方是因为在非均相转变过程中，由涨落而诱发产生的新相颗粒与母相间存在着界面。它的出现使体系的自由能升高，所以新相核的出现所带来的体系体自由能项的下降必须足够大，才能补偿界面能的增加，于是必然出现"过冷"或"过热"等亚稳态。这种"过冷"或"过热"的状态与平衡态所对应的自由能差就是相变的热力学驱动力。

以体系在恒压条件下进行相变为例，在相变平衡点上，应有 $AG=AH-T_0\Delta S=0$。而在相变平衡点附近的某一温度 r 下，$AG=\Delta H-TAS\neq O$。考虑在 T_o 的小邻域内，ΔH 和 ΔS 近似不随温度变化，比较上述两式便可得到

$$\Delta G = \Delta H\left(\frac{T_0 - T}{T_0}\right) = \Delta H\left(\frac{\Delta T}{T_0}\right)$$

式 3-1

由此可见，自发相变要求 $G<0$，即应有 $HT/T_0<0$。若相变过程放热如凝聚、结晶等过程，则 $H<0$，要使 $G<0$，必须有 $\Delta T>0$。此时应有 $T_0>T$ 而表明体系必须存在过冷的相变条件；如相变为吸热过

程如蒸发、熔融等过程,则 $\Delta H > 0$,使 $\Delta G < 0$,必须有 $\Delta T < 0$。此时应有 $T_0 < T$ 而表明体系必须存在过热的相变条件。

成核(也就是生成相的微粒由母相中形成)和长大(也就是成核所得微粒的尺寸增大)两者都要求相应的自由能变化为负值。因此,可以预期,相变需要过热或过冷。也就是说,不可能恰好在平衡转变温度时发生转变,因为根据定义,在平衡温度时,各相的自由能相等。

具备相变条件的体系一旦获取相变驱动力,体系就具有发生相变的趋势。经典的成核—生长相变理论认为,新相的出现首先是通过体系中区域能量或浓度大幅起伏涨落形成新相的颗粒而开始的,其次由源于母相中的组成原子不断扩散至新相表面而使新相的核得以长大。但是,在一定亚稳的条件下,并非任何尺寸的颗粒都可以稳定存在并得以长大而形成新相。尺寸过小的颗粒由于溶解度大很容易重新溶入母相而消失,只有尺寸足够大的颗粒才不会消失而成为可以继续长大形成新相的核。

成核分均质成核和异质成核两种情况,首先讨论均质成核的情况。考虑在低于平衡凝固温度时,有一个球形固体颗粒在纯液体中形成,固体颗粒的形成导致自由能降低,因为固体自由能低于液体的自由能。固体自由能降低的同时,由于固体与液体之间产生了界面,而又使自由能增加,这两种相反的趋势可以用一个方程来表示,此方程给出了球形颗粒形成时,自由能变化与球半径 r 和过冷度 ΔT 的函数关系:

$$\Delta G = \left(\frac{4\pi}{3} r^3\right) \Delta G_v + 4\pi r^2 r = \frac{4\pi}{3} r^3 \Delta H \frac{\Delta T}{T_0} + 4\pi r^2 r$$

式中,第一项是每个颗粒固体自由能的总增加量,其中 ΔG,是负值,即为(2-1)式它是液体中生成单位体积固体所引起的自由能变化。第二项是每个颗粒所增加的总表面能,其中为单位面积的固-液表面能。相变体系的临界晶核尺寸取决于相变单位体积自由能变化和新相-母相界面能的相对大小。相变自由能变化 ΔG 为颗粒半径 r 和过冷度 ΔT 的函数。当颗粒很小时,总表面能的数值大于总体自由能的变化,而每个颗粒的自由能将随颗粒尺寸增大而增加,如图 2-1 所示。每个颗粒的自由能一直增加到临界半径 r_k 处的 ΔG_k 临界晶核就是以这个自由能极大值为条件所规定的。当 $r > r_k$ 时,颗粒尺寸可以自发增大,因为与此同时,总自由能相应地降低,并且上式中的体自由能项占优势。当 $r < r_k$ 时颗粒尺寸趋于减小,即颗粒将自发重新消融回母相,因为该过程将使自由能降低。

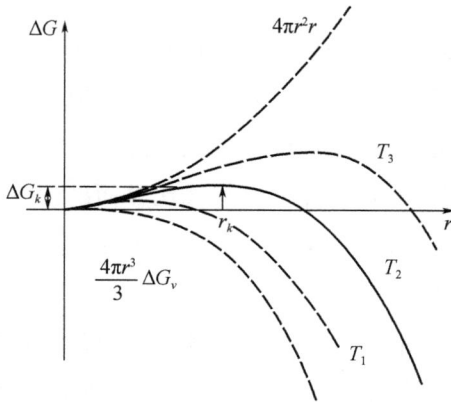

图 2-1　晶核形成的自由能变化与颗粒尺寸 r 和过冷度的关系

　　为使颗粒成核,必须克服能垒。每个临界晶核的激活自由能为:

$$\Delta G_k = \frac{16\pi r^2}{3(\Delta G_v)^2} = \frac{4}{3}\pi r_k^2 r$$

式2-2

此自由能变化临界值实际上为形成临界晶核所必须越过的能量,所以又常称为成核功。所必须达到的相应的临界半径为

$$r_k = \frac{2r}{\Delta G_v} = -\frac{2rT_0}{\Delta H \Delta T}$$

式2-3

以上两式的含义是在体积一定时,晶核半径小则其表面积大,表面能大,晶核存在困难。在大于临界半径时,因表面能的影响变小,晶核存在变异,也即晶核易生长。值得注意的是,只有在 $\Delta G < 0$ 时,才是一个有物理意义的量。在平衡凝固温度 Tm 时, $\Delta Gv = 0$,因而 $\Delta G \to \infty$, $r_k \to \infty$。显然,在平衡转变温度时,成核是不可能的。以上讨论了均质成核,也就是在没有催化剂帮助的情况下生成临界晶核,与此相应的成核过程称异质成核。异质成核之所以比均质成核更容易发生,其主要原因是均质成核中新相颗粒与母相间的高能量界面被异质成核中新相颗粒与杂质异相间的低能量界面所取代。显然,这种界面的替代比界面的创生所需的能量要小,从而使成核过程所需越过能量降低,进而使异质成核能在较小的相变驱动力下进行。

在结晶时,催化剂通常是一些像器壁或氧化物颗粒这类外来媒介物。这些催化剂不仅使临界晶核的体积减小,而且使成核的激活能下降,实际中的成核几乎都是异质成核。事实上,只有在严密控制的实验条件下,才能观察到凝固时的均质成核。

(三)区域熔融提纯

区域熔融或称区域精制,是分步固化的一个特殊发展。它可用于在固化过程中其可溶性杂质浓度在液相和固相中有着显著区

别的所有结晶物质。这一技术应用的仪器基本上是一个具有狭窄熔区的装置,此熔区能沿着装有提纯物质的长管道向下移动,可以用机械装置反复循环。在它的推进面上,熔区有一个与不纯物接触的熔融界面,而在熔区的上面则是一个具有更高熔点的稳定的生长面。熔融物重新固化,这可使杂质在液相逐步浓集,在区熔过程结束后弃去。由于液相杂质逐步增加,再固化的产品也就相对地没有先前那样纯净。因此通常必须使其经过几次区熔过程,样品才能达到满意的纯度,这也是为什么当原料已有适当的纯度用这一方法是最有效的原因。在整个操作过程中必须使熔区十分缓慢地移动,以便使杂质能够扩散、移出再固化区。

以下用图 2-2 简单说明区域熔融原理。图中 T_A 和 T_B 分别为 A 组元和 B 组元的熔点,上面的曲线为液相线,下面一条曲线为固相线,液相线以上为液相区,固相线以下为固相区,两线之间为固液共存的两相区。设有组成为 c 的熔体,自高温冷却下来,当温度降至 t_1 时,开始析出固相,其组成为 d,当温度由 t_1 继续下降至 t_2,液相的组成沿 ae 曲线变化,固相的组成沿 d 曲线改变。在温度为 t_2 时,液体全部凝固。

区域熔融提纯只需考虑相图中的极端部分,它通常是用来提纯那些已经比较纯的物质,因此在理论上牵涉到的是那些在相图中接近于右轴或左轴的点。

(四)泡沫分离

泡沫分离(foam separation)是利用溶液中各组分表面活性之差进行分离、富集的一种技术。它不仅可作为金属或非金属离子、配合物、蛋白质、微生物和微粒子等物质的常量分离方法,而且还特别适用于这些物质的微量分离和富集。其一般在室温下进行,

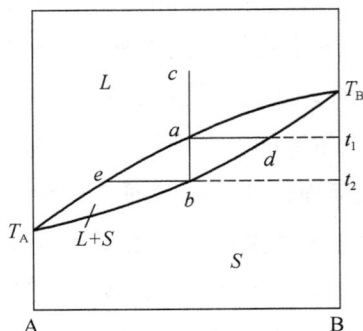

图2-2 完全互溶的二元体系相图

适用于对热敏感的各类化学和生物组分的分离与富集,尤其是对于环境保护、生命科学研究起着极为重要的作用。它有以下类型:

泡沫分级法(foam fractionation):泡沫分级是利用被分离物本身的天然表面活性之差进行分离的。

离子或分子浮选法:离子浮选法(ion flotation)或分子浮选法(molecular flotation)是利用被分离物与表面活性剂的结合能力之差进行分离的方法。

泡沫浮选法(foam flotation):泡沫浮选是利用被分离物本身的天然表面活性之差进行分离的方法;

微粒子浮选法(micro flotation):微粒子浮选是指用泡沫分离技术分离那些可筛分的矿物;

沉淀浮选法(precipitation flotation):沉淀浮选也叫非极性矿物泡渣浮选法,是应用最广的泡沫分离方法。

泡沫分离的特点是对痕量物质能有效地分离和富集,设备和操作方法都较为简易,工业和实验室均易实现。

泡沫分离的原理是基于表面活性剂具有吸附或富集于气-液

界面上的倾向以及各类化学物质、生物物质、微粒与表面活性剂的
结合。

（五）吸附分离

当两相组成一个体系时,其组成在两相界面(interface)与相内
部是不同的,处在两相界面处的成分产生了积蓄(浓缩),这种现
象称为吸附(adsorption)。已被吸附的原子或分子返回到液相或
气相中,称之为解吸或脱附(desorption)。原子或分子从一个相大
体均匀地进入另一个相的内部(扩散),称为吸收(absorption)。吸
收与吸附是不同的,当吸附与吸收同时进行时,称为吸着(sorp-
tion)。如当分子撞击固体表面时,大多数的分子要损失其能量,然
后在固体表面上停留较长的时间,这个停留时间比原子振动时间
要长得多,这样分子就将完全损失掉它们的动能,以致它们便不再
能脱离固体表面,而被表面所吸附。通常,被吸附的物质叫作被吸
附物,也称为吸附质(adsorbate)。而吸附相(固体)叫作吸附剂
(adsorbent)。至于需要在表面上停留多长时间才能被吸附,这要
由分子与表面原子之间相互作用的本质以及表面的温度来决定。

由于吸附质与吸附剂之间吸附力的不同,吸附又可分为物理
吸附和化学吸附两类。物理吸附也称为范德华吸附,它是由于分
子间的弥散作用等引起的;而化学吸附则是由于化学键的作用引
起的。

1. 物理吸附

由弱相互作用所产生的吸附叫物理吸附(Physical adsorp-
tion)。弱相互作用是指分子与表面原子间的短程作用力以及诸如
偶极-偶极、诱导偶极间的范德华力,这些作用力跟分子与表面的

距离的三次方或六次方成反比。物理吸附需要较低的表面温度和较长的停留时间,其可以是单分子层吸附,也可以是多层吸附,吸附层可以达几个分子厚度。一般说来,物理吸附有四个明显的特点,其一是物理吸附没有选择性,任何气体在任何固体表面上都可以发生物理吸附。其二是越易液化的气体越容易被吸附。其三是物理吸附的速度极快,可在几秒到几分钟内迅速达到平衡。其四是改变温度或压力可以移动平衡。降低压力,可以把吸附气体毫无变化地移走,这表明在物理吸附过程中,气体分子和固体表面的化学性质都保持不变。因此,这类物理吸附就好像被吸附气体凝聚在固体表面上那样。所以物理吸附的热效应也和气体的凝聚热相近,一般在 4.2~42 kJ/mol 范围内。

2. 化学吸附

由静电作用产生的吸附叫作化学吸附(chemi-sorption)。被吸附分子与固体表面原子间的静电作用力与它们之间的距离的一次方成反比。化学吸附的热效应约为 62~620 kJ/mol,相当于化学结合能。若气体分子与表面原子间具有这样强的相互作用,那么即使它在表面上停留时间很短、表面温度较高,也可能被表面所吸附。因为分子与表面结合时需要一定的活化能,所以升高温度更有利于化学吸附。此外只靠减压是不能使化学吸附的分子解吸的。

3. 物理吸附和化学吸附的鉴别

物理吸附和化学吸附之间的根本差别在于吸附分子与固体表面的作用力性质的不同。表面原子的对称性较低和具有剩余的键合力,这是表面吸附的动力。吸附时表面自由能降低,就吸附质而言,由于它的分子被束缚在表面上,体系的熵降低,因此,吸附的焓变为负值,吸附是放热过程。当吸附质分子中的键合(X-X)和吸附质原子与表面原子间的作用(X-M)强度差不多,但比固体原子的内聚力(M-M)弱时,可能在固体表面上发生单层或多层吸附,在许多情况下,单层吸附和多层吸附之间的平衡是可逆的。当表面原子与吸附原子间的作用(M-X)接近于固体的内聚力时,则不仅可以在表面上发生单层或多层吸附,而且还可能使固体表面结构发生改变,甚至生成表面化合物,许多金属表面和某些化学性质活泼的气体间的作用就属于这种情况。

一些惰性分子的吸附是物理吸附,而一些较活泼气体(O_2,F_2,H_2)在金属(W,Ni)上的吸附是化学吸附。具有相当大的偶极矩或极化率的分子在表面上的吸附介于两者之间。气体分子在固体表面上的吸附状态可直接通过测定其吸收光谱来加以证实和区别。若发生化学吸附,在紫外、可见或红外光谱区将出现新的特征吸附带。而发生物理吸附,只能使被吸附分子的特征吸收带产生位移或改变强度而不会产生新谱带。

4.吸附等温线

气体在固体表面上的吸附量和许多因素有关。对于一定重量的吸附剂,达到吸附平衡时,所吸附气体体积(即吸附量)是由体系的压力和温度决定的,即 $V=f(p,T)$。如果分别固定吸附量、压力或温度来确定这三者的关系,就可从不同的角度来研究吸附现象的规律。保持温度不变,可得到吸附量和压力关系的吸附等温线。保持压力不变,可得到吸附量和温度关系的吸附等压线。如果保持吸附量不变,得到的是反映压力和温度关系的吸附等量线。这三种吸附曲线是相互有联系的,由其中一种曲线可导出另外两种曲线。实际中常用的是吸附等温线,可以将实验测得的吸附等温线划分为五种基本类型。

常用的吸附剂有活性炭、活性炭纤维、球形炭化树脂、大孔网状聚合物吸附剂、合成沸石(分子筛)、硅胶、活性氧化铝等。

影响吸附的因素有吸附剂的性质、吸附质的性质、温度、溶液 pH 值、盐的浓度、吸附质的浓度与吸附剂的用量等。

第三章　物质内部成分的检测化验

第一节　检测化验的基本原理

一、检测化验的基本原理概述

检测化验的基本原理主要是基于统计学、物理学、化学等多个学科的理论和方法,通过对样本的观察、测量和分析,来推断总体的特性或检测物质的性质、组成和含量。这些原理在科学研究、工业生产、医学诊断等多个领域都有广泛的应用。在统计学原理方面,检测化验通常基于样本的统计特征,利用抽样、假设检验、置信区间等统计方法,对样本数据进行处理和分析,从而推断出总体的特性。这种方法能够科学地评估产品质量、诊断疾病或进行其他类型的定量分析。物理学原理在检测化验中也发挥着重要作用,例如,电学、光学、声学和热学等物理原理被广泛应用于各种检测设备和仪器中。这些设备通过测量物理量(如电压、电流、光强度、声音频率、温度等),从而分析出被测对象的性质、状态或成分。化学原理是检测化验中不可或缺的一部分。化学反应、成分分析等方法被用于确定物质的组成、结构和性质。通过化学反应的速率、平衡和产物等特性,可以推断出被测物质的种类、浓度和纯度等信息。

二、基于统计学原理的检测化验

(一)数据收集与整理

在化验数据处理的这一阶段,核心任务是全面而系统地收集与化验项目相关的数据。数据的质量直接关系到后续分析的准确性和可靠性,因此,这一阶段的工作至关重要。在收集数据时,要确保数据的完整性和真实性,避免任何可能导致误导的信息。在数据收集完毕后,是数据的整理和预处理工作,这一步骤包括数据清洗、数据转换和数据标准化等重要环节。数据清洗的目的是去除重复、无效或错误的数据,确保数据集的纯净。数据转换是为了将数据转化为适合后续分析的形式,比如将非数值型数据转换为数值型数据。数据标准化则是为了消除不同量纲和数量级对数据分析结果的影响,使得不同的数据能够在同一尺度上进行比较。除了上述的整理工作,还需要对数据进行初步的探索性分析。这一步骤主要是通过统计图表和描述性统计量来了解数据的分布特征、异常值情况、变量间的相关性等。

(二)统计模型选择与建立

在数据收集与整理工作完成之后,紧接着的关键步骤是挑选一个恰当的统计模型以进行深入分析。这一选择过程并非随意,而是需要根据手头数据的具体特征和化验的最终目标来细致敲定。数据的特性,比如分布形态、离散程度以及是否存在异常值等,都会影响到模型的选择。举例来说,若数据呈现出正态分布的特征,那么采用基于高斯分布的异常检测方法就显得格外合适,因为这种方法能够充分利用数据的分布特性,精确地识别出那些与正态分布规律不符的异常数据点。然而,如果数据并不符合某一特定的分布假设,比如数据偏斜严重或者包含多种分布形态,那么就需要考虑使用更为灵活的非参数方法来进行异常检测。直方图法就是其中的一种,它通过将数据分成若干个区间,并统计每个区间的数据频数,从而直观地展示出数据的分布情况,便于发现那些频数异常的数据区间。

(三)统计推断与假设检验

建立好统计模型之后,接下来的关键步骤是进行统计推断和假设检验。统计推断是一个由样本到总体的逻辑推演过程,它依赖于精心构建的统计模型,通过这个模型,分析师能够利用手头有限的样本数据去推断出总体的关键特征。这涉及对均值、方差等核心参数的估计,这些参数是理解数据分布和变化的基础。同时,为了量化这种推断的不确定性,还需要构建置信区间,这为我们提供了参数估计的可靠范围。与统计推断相辅相成的是假设检验,在这一过程中,原始假设与备择假设被明确设定,它们代表着关于总体特征对立的两种看法。利用样本数据,通过特定的统计方法,对这两个假设进行检验,目的是要确定哪一个假设更为合理、更有可能成立。这一过程不仅严谨,而且需要借助专业的统计知识和技术,其最终目标是验证化验结果的显著性和可靠性。通过统计推断得出的参数估计和置信区间,再结合假设检验的结果,分析师能够科学地评估化验数据的真实性和有效性,从而为后续的研究或决策提供坚实的数据支撑。

(四)结果解释与报告

化验结果的解释与报告是数据分析过程中至关重要的环节。

它不仅涉及对统计模型输出结果的深入理解,而且需要将复杂的数据分析和统计发现转化为简洁明了、易于理解的语言描述与直观图表。这样做是为了确保决策者、利益相关者及其他相关人员能够迅速把握化验的核心发现和结论。在解释化验结果时,应详细阐述模型所揭示的关键趋势、模式或关联,并指出这些数据背后的可能含义。例如,如果模型显示某一指标与特定健康问题存在显著关联,解释时就应强调这一点,并探讨其潜在的生物学或医学意义。除了文字描述,利用图表来呈现数据也是非常重要的。图表,如柱状图、折线图、饼图或散点图等,能够直观地展示数据之间的关系和趋势,帮助读者更快地理解化验结果。同时,报告中还应包含对化验结果可靠性和局限性的全面讨论。这包括对数据质量、样本大小、模型假设等方面的评估,以及对可能影响结果准确性的外部因素的考量。

三、基于物理和化学原理的检测方法

(一)电学检测方法

电学检测方法是一种基于物质电学性质的深度分析手段。通过精确测量物质的电阻、电导、电位等关键电学参数,能够细致地揭示物质的内部特性与结构。在液体分析中,电导率的测量成为一项重要的技术,液体的电导率与其内部离子的浓度和种类紧密相关,因此,通过对电导率的准确测定,可以推断出液体中的离子构成,为液体的质量控制和化学反应过程的监测提供了有力手段。在固体材料的研究中,电阻测量同样占据着重要地位。材料的电阻值直接反映了其导电性能的强弱,是评估材料质量、纯度以及内部结构的关键指标。特别是在半导体材料、导电高分子等新型材料的研究中,电阻测量技术发挥着不可替代的作用。电位滴定法作为电学检测方法的另一分支,广泛应用于化学分析领域。它通过连续测量化学反应过程中的电位变化,能够精确判定反应的终点,从而实现对物质浓度的准确测定。

(二)光学检测方法

光学检测方法,作为一种重要的分析手段,其核心在于利用物质与光的相互作用来揭示物质的内在性质。当光线与物质相遇,会发生多种光学现象,如光的吸收、反射和折射,每一种现象都蕴含着物质性质的深刻信息。分光光度法便是利用物质对光的吸收特性。在此方法中,特定波长的光通过被测物质,部分光被吸收,吸收的程度与被测物质的浓度息息相关。因此,通过测量光线的吸收情况,便能准确地确定物质的浓度。荧光光谱法则关注的是物质在受到光激发后所发出的荧光。荧光是物质在吸收光能后进入激发态,再返回到基态时释放出的光。荧光的颜色和强度与被测物质的成分和结构紧密相连,因此,通过观察和分析荧光,便能洞察物质的内在组成。拉曼光谱法则是一种探究物质化学键和分子结构的高级方法,它通过分析物质散射光的频率变化,即拉曼散射,来揭示物质的化学键类型和分子振动模式。

(三)力学检测方法

力学检测方法是探究物质内在性质的重要手段,通过测量和分析物质的力学性质,如黏度、硬度、弹性等,我们能够深入理解材料的特性和质量。这些力学性质与物质的微观结构和化学成分紧密相连,为科学家和工程师提供了宝贵的材料性能信息。黏度测量是力学检测方法中的一项关键技术,它能够揭示液体的流动性特质。通过精确测定液体在不同条件下的流动阻力,我们可以洞察其内部的摩擦和阻力情况,从而准确判断液体的纯度和成分组成。这种分析方法在化工、制药和食品加工等行业中具有广泛的应用,为产品质量的控制提供了科学依据。硬度测试则是评估固体材料耐磨性和抗压强度的重要手段,通过测量材料抵抗划痕或压入的能力,我们可以了解材料的坚硬程度和使用寿命。这种测试方法对于选材、工艺改进以及产品质量控制都具有重要意义。

(四)热学检测方法

热学检测方法在物质分析中占据重要地位,其基本原理在于通过测量物质在加热或冷却过程中的热量变化和热稳定性来揭示物质的内在性质。热重分析便是其中的一种常用技术,它聚焦于物质在受热过程中的质量变化,随着温度的升高,物质可能会发生蒸发、分解等反应,导致质量发生变化。通过精确测量这些质量变化,热重分析不仅能够揭示物质的热稳定性,还能提供关于其化学成分的重要线索。差热分析是另一种关键的热学检测方法,它关注的是物质在加热或冷却过程中的热量变化。当物质经历相变,如固态到液态,或发生化学反应时,会伴随着热量的吸收或释放。差热分析能够精确捕捉到这些热量变化,从而帮助研究人员判断物质经历了哪些关键过程。

(五)化学分析方法

化学分析方法是科学研究与实际应用中不可或缺的工具,它通过观察和测量物质间的化学反应来揭示物质的本质。在众多化学分析方法中,滴定分析法以其精确性和可靠性脱颖而出。通过逐滴加入滴定剂与被测液体发生化学反应,能够准确计算出被测物质的浓度,这一方法在化学实验中占据重要地位。色谱分析法则是另一种强大的分析工具,它依赖于物质在固定相和流动相之间的分配平衡原理。当不同物质在两相间进行分配时,因其物理化学性质的差异,各组分将以不同的速度移动,从而实现物质的分离与检测。这一技术在复杂混合物的分析中表现出色,为科学家提供了丰富的物质成分信息。质谱分析法以其对物质分子结构的深入解析能力而受到青睐。

四、具体的检测化验方法

(一)样品采集与处理

在化验分析的初步阶段,样品的采集与处理是至关重要的环节。为确保化验结果的准确性和可靠性,必须严谨地采集待检测的样品,这一过程中要特别注意样品的代表性和一致性。样品的代表性意味着所采集的样品能够真实反映整体或批次的特性,而一致性则要求在不同时间和地点采集的样品在性质上保持相对稳定,以便于比较和分析。采集样品时,应根据不同的物质特性和检测需求,选择合适的采集工具和方法。例如,对于固体样品,可能需要使用专业的取样器来确保取样的均匀性和深度;对于液体样品,则需要注意避免污染和挥发。采集完成后,应立即对样品进行标识和记录,以防混淆或误用。随后,根据化验的具体要求,对样品进行适当的预处理。这包括但不限于研磨以减小颗粒大小、稀释以降低浓度、提取以分离目标成分,或者浓缩以提高检测灵敏度。

(二)试剂与仪器的准备

根据化验项目的具体需求,准备相应的试剂、标准品以及质控品是化验前的重要准备工作。试剂的选择需严格符合化验方法的要求,确保其纯度和稳定性,以避免因试剂问题而导致的化验结果偏差。标准品是用于校准测量仪器和验证测量方法的物质,其准确性和稳定性对化验结果的可靠性至关重要。质控品则用于监控化验过程的稳定性和重复性,是确保化验结果一致性的关键。在准备试剂和标准品的同时,对所使用的仪器设备进行全面的检查和校准也是不可或缺的环节。仪器设备的精度和稳定性直接影响到化验结果的准确性。因此,必须确保仪器设备处于良好的工作状态,避免因设备故障或误差而导致化验结果失真。

(三)实验操作与数据记录

化验方法的标准操作程序是实验过程中必须严格遵循的指南。在实验开始时,应根据化验方法的要求,准确添加所需的试剂,确保每种试剂的量和浓度都符合标准。随后,要精确控制反应条件,包括温度、压力、pH 值等,因为这些因素会直接影响化学反应的速率和结果。在实验过程中,观察反应现象是至关重要的,化学反应可能会产生颜色变化、气体释放、沉淀生成等多种现象,这些都是判断反应进程和结果的重要依据。因此,实验者必须保持高度的专注力和敏锐的观察力,及时记录下每一个细微的变化。同时,详细记录所有的操作步骤和实验现象也是必不可少的,这些记录对于实验的可追溯性和重复性至关重要,它们不仅可以帮助实验者在实验后回顾和分析实验过程,还可以在出现问题时提供有力的排查依据。

（四）数据分析与处理

实验结束后,对收集到的原始数据进行系统性的整理和分析是至关重要的。这一过程涵盖三个关键步骤,第一步是数据的清洗,它的目的是去除重复、无效或错误的数据,确保数据集的准确性和纯净性。第二步需要对异常值进行识别和处理,以避免这些数据对最终结果造成不良影响。第三步是统计分析,这也是数据处理的核心环节,通过运用适当的统计方法,可以深入挖掘数据中的信息,揭示变量之间的关系,以及数据的分布特征和变化趋势。在完成这些分析步骤后,可以得出化验结果,并对其进行详细解释和全面评估。解释化验结果时,需要结合实验目的和背景知识,阐述结果的实际意义和可能的影响。评估化验结果的准确性和可靠性时,则需要考虑实验设计的合理性、数据的质量和统计分析的有效性等多个方面。

（五）结果与报告的编制

化验报告的编制是数据分析结果的总结和展示,它需要全面而精确地反映实验数据和分析结论。在撰写报告时,应详细列出实验中所获得的所有数据,包括但不限于测量值、观测结果和计算数据,这些数据是化验分析的基础和依据。除了数据的陈列,报告中还需提供深入的分析结论。这些结论应基于数据的统计分析和比较,揭示出数据背后的规律、趋势或异常情况。分析结论要客观、严谨,避免个人主观臆断,确保报告的科学性和可信度。此外,报告中还应包含可能的建议或解释。这些建议可以基于数据分析的结果,针对实验中发现的问题或异常现象提出改进措施或解决方案。解释部分则可以帮助读者更好地理解数据和分析结论,提供必要的背景信息和专业知识。

五、环保与安全性考虑

(一)环保考虑

环保在当今社会的受重视程度与日俱增,它直接关系到人类的可持续发展和未来的生存环境。在产品设计的起始阶段,融入环保理念显得尤为重要,选择可再生、可回收或易降解的材料是其中的关键,这样的选择能够显著减少产品对环境产生的负面影响。在生产环节中,对废水、废气、废渣的严格排放控制也是环保行动的重要组成部分,必须确保所有的排放都符合国家及地方设立的环保标准。同时,产品的包装简化同样不容忽视,因为过度包装不仅造成资源的极大浪费,还会增加环境的负担。为了实现真正的环保,每一个环节都需要精心设计和严格把控。除此之外,企业在推广绿色消费观念方面也扮演着举足轻重的角色,通过引导消费者选择环保产品,可以共同推动社会向着更加绿色、低碳的生活方式转变。这种转变不仅有助于保护珍贵的自然资源,还能为后代留下一个更加宜居的地球环境。

(二)节能考虑

节能作为环保的核心内容之一,在当前能源日益紧缺的背景下显得尤为重要。它不仅是经济成本的问题,而且与环境保护紧密相连。在产品设计和生产的每一个环节,提高能源利用效率并致力于减少能源消耗已经成为行业的共识。为实现这一目标,引入先进的节能技术势在必行。这些技术能够优化生产流程,使得单位产品的能耗显著降低。此外,随着科技的发展,越来越多的企业开始探索并采纳更为环保的能源解决方案。特别是太阳能和风能等清洁能源的推广使用,正逐步减少对有限的化石能源的过度依赖,为地球的可持续发展贡献力量。在日常生活中,每一个细微的习惯改变都可能对节能减排产生积极影响。简单的事情如及时关闭不需要使用的电器,或是在适当的时候调节空调温度,都是对节能减排的有益实践。

(三)安全性考虑

安全性在产品设计和生产中占据着举足轻重的地位。产品必须严格符合国家及行业的相关安全标准,这是确保产品在使用过程中不会对人身和财产造成危害的基础。同时,生产过程中对安全操作规程的严格遵守,是防止生产事故发生的关键。任何对安全标准的忽视或操作规程的违背,都可能带来严重的后果。对于可能存在安全隐患的产品,提供详尽的使用说明和安全警示是至关重要的。这些说明和警示能够引导消费者正确使用产品,从而避免由于误操作而引发安全问题。此外,企业还应致力于建立完善的售后服务体系,这不仅是为了及时解决消费者在使用过程中遇到的问题,更是为了构建一个能够让消费者信赖的安全保障网。

(四)持续改进与监管

环保与安全性的追求是一个动态且持续的过程,它要求企业不能停滞不前,而是要建立起一套长效的机制。这一机制的核心在于对产品进行定期的评估与改进,以确保产品始终能够适应市场的多变需求和技术标准的不断更新。企业在此过程中的积极响应和持续创新是其社会责任感的体现,也是保持竞争力的关键。与此同时,政府部门在推动环保与安全性方面也扮演着举足轻重的角色。政府需要加大对企业的监管力度,通过制定和执行严格的法律法规,确保企业和其生产的产品始终符合国家的相关要求。这种监管不仅是对企业的一种约束,更是对市场秩序和消费者权益的有力保障。当然,环保与安全性的提升不仅仅是企业和政府的责任,消费者也扮演着重要的角色。消费者的选择和偏好直接影响着市场的发展方向,因此,消费者对于环保和安全性的认识和需求也在推动着整个社会的进步。

第二节　物质内部成分的分析方法

一、物质内部成分分析的重要性

(一)质量控制与产品安全

　　物质内部成分分析在质量控制和产品安全中扮演着举足轻重的角色。对于产品制造商而言,了解产品的内部成分是保证其质量、安全性和效能的关键。在食品行业,成分分析能精准地检测出食品中的营养成分、添加剂以及可能存在的有害物质,如重金属、农药等,确保食品不会对消费者造成健康危害。在药品领域,内部成分的分析更是不可或缺,它能验证药品中有效成分的含量,同时检测出杂质和其他可能影响药效或产生副作用的成分,从而保障药品的安全性和有效性。此外,在化妆品行业,物质内部成分分析同样重要,化妆品中的化学成分可能对人体皮肤产生刺激或过敏反应,因此,通过分析化妆品的成分,可以确保其符合相关法规要求,减少因使用化妆品而引发的皮肤问题。

（二）材料性能优化

在材料科学领域,深入了解材料的内部成分对于优化其性能至关重要。精确分析材料中的元素、化合物和杂质等,是揭示材料结构特性、力学性能和化学稳定性的关键。这种深入的分析不仅为理解材料的宏观性能提供了微观层面的解释,还为新材料的开发和现有材料的改进提供了科学的指导。通过高精度的分析技术,如光谱分析、质谱分析、X 射线分析和电子显微分析等,可以准确地确定材料中的各种成分及其含量,从而揭示出材料性能与内部成分之间的内在联系。这种联系为材料科学家提供了宝贵的信息,使他们能够根据特定的应用需求,通过调整材料的内部成分来优化其性能。因此,对材料内部成分的精确分析,不仅是材料科学研究的基础,也是推动材料科学发展的关键。它为新材料的发现、设计和制备提供了有力的支持,同时也为现有材料的性能提升和改性提供了科学的依据。

（三）环境监测及保护

物质内部成分分析在环境监测和保护领域同样具有不可或缺的作用。对土壤、水体及大气等环境介质的细致分析,能够精准地识别并量化其中的各种污染物,如重金属、有机污染物以及各类温室气体。这种分析不仅揭示了污染物的种类,还能准确地反映出它们的浓度与空间分布,从而为环境管理提供有力的数据支撑。通过这些精确的数据,环保部门可以迅速掌握哪些地区的环境质量受到威胁,哪些污染物是主要的污染源,从而迅速制定出针对性的治理策略。此外,长期的监测数据还可以揭示出污染物迁移、转化的规律,为预测环境风险、制定预防措施提供科学依据。物质内部成分分析不仅关乎污染问题的及时发现与治理,更是维护生态系统健康、保障人类生存环境的重要手段。

(四)科学研究与发展

物质内部成分分析在科学研究中占据举足轻重的地位,为化学、生物学、地质学等诸多学科提供了不可或缺的实验数据和理论支撑。这种分析揭示了物质的本质属性和特征,成为科学家们探索自然世界奥秘的有力工具。通过深入研究物质的内部成分,科研人员能够洞察到各种元素、化合物以及杂质的存在状态和相互作用,进而阐释复杂的科学问题。在化学领域,成分分析助力研究者发现新的化学反应路径和机理,为合成新材料、开发新药物提供重要线索。在生物学领域,它则帮助科学家解析生物大分子的结构和功能,揭示生命活动的分子基础,为疾病预防和治疗开辟新途径。而在地质学中,物质成分分析更是解读了地球的演变历程,为资源勘探和环境保护提供了科学依据。

二、化学分析法

(一)滴定分析法

滴定分析法,作为化学分析中的一种精确方法,通过逐滴加入已知浓度的滴定剂与被测物质进行反应,精准地确定反应的终点,进而依据滴定剂的用量及其浓度,准确计算出被测物质的含量。此方法在众多化学分析方法中以其高精度和高重复性而著称。无论是酸碱滴定、络合滴定,还是氧化还原滴定和沉淀滴定,滴定分析法都展现出了其独特的优势。其操作的简便性和对设备的低要求,使得它在实验室及工业生产环境中都得到了广泛的应用。不仅如此,滴定分析法还能在较短时间内给出准确的结果,满足快速分析的需求。这种方法的普及和应用,无疑极大地推动了化学分析领域的发展,为科研工作者和工业生产者提供了一种高效、可靠的物质成分含量测定手段。

(二)重量分析法

重量分析法是一种通过精确测量物质质量变化来定量分析其成分含量的化学方法。该方法的核心在于将待测物质通过化学反应转化为具有确定质量的沉淀物,随后经过一系列精细处理,包括过滤去除溶液中的杂质、多次洗涤以确保沉淀物的纯净、仔细干燥以去除水分,以及灼烧至恒重以获得最终的质量。这一连串的步骤虽然烦琐,但每一步都至关重要,因为它们直接影响到最终测量结果的准确性。正是由于这种方法的精细和严谨,重量分析法在测定物质中高含量成分时表现出极高的准确度。然而,这种方法也存在一定的局限性,特别是其操作过程相对复杂且耗时较长,这在一定程度上限制了它在快速分析或大规模分析中的应用。

三、光谱分析法

(一)原子光谱法

1. 原子吸收光谱法

气态原子能吸收特定波长的光辐射,使得其外层电子跃迁至激发态。当这些电子从高能态返回到低能态或基态时,会释放出具有特定波长的光辐射。这一现象构成了原子光谱分析的基础,即通过测量特征谱线的减弱程度,可以精确测定待测样品中元素的含量。这种方法既适用于金属元素,也适用于非金属元素,具有广泛的适用性。在此过程中,特定元素对特定波长的光有选择性吸收,因此,通过对比吸收前后的光强,可以准确计算出样品中该元素的浓度。这种方法不仅精确度高,而且操作简便,因此在化学分析、环境监测、材料研究等领域得到了广泛应用。此外,该方法还具有较高的灵敏度和分辨率,能够检测到极低浓度的元素,甚至可以达到痕量级别。

2. 原子发射光谱法

利用被激发的气态原子或离子发射的特征光谱来测定元素含量,是一种高效且精准的分析方法。当气态原子或离子受到激发时,会发射出特定的光谱线,这些光谱线具有独特的波长和强度,如同元素的"指纹",能够准确反映元素的存在及其含量。这种方法在化学分析中占有重要地位,特别适用于定性和半定量分析。通过观察和比对特征光谱,研究人员能够迅速识别出样品中的元素种类,为进一步的定量分析提供基础。更重要的是,这种方法在发现新元素方面发挥了关键作用。当科学家们面对未知物质时,通过特征光谱的分析,可以判断其中是否含有尚未被人类发现的元素。

3. 原子荧光光谱法

测量待测元素的原子蒸气在特定频率辐射能激发下产生的荧光发射强度,是确定元素含量的一种有效方法。这种方法基于原子荧光的原理,即原子在受到特定频率的辐射能激发后,会发射出特定波长的荧光。通过测量这种荧光的强度,可以精确计算出待测元素的含量,该方法具有高灵敏度和低检出限的显著优点,使得它能够检测到极低浓度的元素,因此在痕量分析中表现出色。荧光发射强度的测量不受其他杂质的干扰,确保了测量结果的准确性和可靠性。此外,该方法还具有较快的分析速度,适用于大批量样品的快速测定。在实际应用中,该方法已被广泛用于环境监测、食品安全、生物医药等领域。

(二)分子光谱法

1. 紫外可见吸收光谱法

利用物质对紫外和可见光的吸收特性进行分析,是一种重要的化学分析方法。当物质吸收紫外或可见光时,会产生特定的紫外可见光谱,这种光谱如同物质的"身份证",能够反映出物质的组成、含量和结构信息。通过分析这些光谱数据,我们可以深入了解物质的性质。紫外可见吸收光谱分析在化学领域具有广泛的应用价值,它不仅可以用于有机物质的分析,还适用于无机物质的测定。在定性分析中,通过比对标准光谱库中的光谱数据,可以准确识别出样品中的物质种类。而在定量分析中,根据物质对光的吸收程度,可以精确测定出样品中各种物质的含量。

2. 红外光谱法

利用物质对不同波长的红外辐射的吸收特性,可以深入地进行分子结构和化学组成的分析。这种测定方法,即红外光谱法,是化学分析中不可或缺的一种手段,它通过测量物质在红外光谱区的吸收情况,来揭示物质的分子结构和化学键类型。红外光谱法具有高精度和高灵敏度的特点,能够准确地反映出物质内部的细微差异。在化学分析中,红外光谱法主要应用于化合物的鉴定、定量测定以及分子结构的研究。通过对比标准光谱库中的光谱数据,可以迅速准确地鉴定出未知化合物的身份。同时,根据吸收峰的强度和位置,还可以对化合物进行定量测定,确定其在混合物中的含量。此外,红外光谱法还可以用于研究分子的振动模式和化学键类型,从而揭示分子的立体构型和化学反应机理。

3. 拉曼光谱法

拉曼散射效应是一种基于光与物质相互作用的现象,当光与物质相互作用时,会产生与入射光频率不同的散射光。对这种散射光谱进行深入分析,可以得到分子振动和转动的详细信息,这种分析方法已成为研究分子结构的重要手段,特别适用于研究由同种原子构成的非极性键振动的化学物种,这类物种的分子结构往往难以通过其他手段进行准确分析。拉曼光谱分析在化学领域的应用尤为突出,它能够帮助科学家深入了解分子的内部结构和化学键的性质。在材料科学领域,拉曼光谱法也被广泛用于研究材料的微观结构和性质,为新材料的设计和开发提供重要依据。

四、质谱分析法

(一)质谱仪的基本原理

质谱仪的基本原理是利用高能电子流轰击样品分子,使其失去电子变为带正电荷的分子离子和碎片离子。这些离子在磁场中根据质荷比的不同,会在不同的时间到达检测器,进而被分离和检测。具体来说,样品分子在高真空条件下被离子化,经过加速电场获得相同的动能,进入质量分析器。质量分析器根据离子的质荷比进行分离,之后离子依次进入检测器,经过放大和处理后,得到质谱图。质谱仪主要由离子源、质量分析器和离子检测器组成。离子源负责将样品分子离子化,质量分析器则根据质荷比分离离子,最后由离子检测器捕捉并记录下这些离子的信息。通过这种方式,质谱仪能够精确地分析出样品中的化学成分及其含量。质谱仪具有高灵敏度、高分辨率和高精确度的特点,因此在化学、生物学、环境科学等领域得到了广泛应用。

(二)质谱图的解读与定性定量分析

1. 质谱图的解读

质谱图是一种通过质谱仪获得的数据图形化表示,它提供了关于样品分子或原子的质量信息。解读质谱图首先需要理解其基本构成。质谱图通常由一系列峰组成,每个峰代表一个特定的质荷比(m/z),即质量与所带电荷的比值。这些峰的高度或面积通常与对应质荷比的离子丰度成正比。在解读质谱图时,我们首先要识别出主要的峰,这些峰对应于样品中的主要成分。其次,我们需要根据已知的标准质谱图或者通过计算预测的质量值来匹配这些峰,这有助于我们确定样品中存在的化合物种类。此外,峰的形状和分布也可以提供关于化合物结构的信息。例如,某些特定的峰模式可能表明存在某种官能团或结构特征。为了准确解读质谱图,还需要考虑仪器的分辨率和灵敏度,以及可能的背景噪声。高分辨率的质谱仪能够提供更精确的质荷比信息,从而更容易地识别出化合物。同时,高灵敏度的仪器可以检测到更低浓度的化合物,这对于分析复杂样品中的微量成分至关重要。

2. 质谱图的定性定量分析

质谱图的定性分析主要是确定样品中存在的化合物种类,这通常通过与标准质谱图库进行比对来实现。标准质谱图库包含了大量已知化合物的质谱数据,通过匹配样品质谱图与库中的标准图谱,可以准确地识别出样品中的化合物。此外,还可以利用质谱图中的特征峰来进行定性分析,比如某些特定的质荷比可能对应某种特定的官能团或结构特征。定量分析则是通过测量质谱图中各峰的高度或面积来确定样品中各化合物的含量。这通常需要一个内标物来进行校正,以消除仪器响应和样品处理过程中的误差。通过比较样品中各化合物峰与内标物峰的高度或面积比,可以计算出各化合物的相对含量。如果需要得到绝对含量,还需要结合其他定量方法,如标准曲线法等。在进行定性定量分析时,需要注意仪器的校准和质量控制。仪器的校准可以确保测量结果的准确性,而质量控制则有助于确保实验结果的可靠性和重复性。此外,对于复杂样品,可能还需要进行前处理以提取目标化合物并消除干扰物质,从而提高定性定量分析的准确性。

五、色谱分析法

(一)色谱分析法的基本原理

色谱分析法,作为一种高效的化学分析方法,其核心在于利用不同物质在固定相与流动相之间分配平衡的差异,实现对混合物中各组分的精细分离和准确分析。这种方法的基本原理依赖于样品中各组分在色谱柱内展现出的独特性质,如吸附能力、分配系数以及离子交换特性等。当流动相裹挟着样品穿越色谱柱时,由于各组分与固定相的相互作用力不同,导致它们在柱内的移动速度各异,因此能够有效地被分离开来。色谱分析法不仅具有分离效果好、分析速度快的优点,还能提供丰富的定性和定量信息,因此在化学、生物、医药、环境等多个领域得到了广泛应用。通过色谱分析,科研人员可以深入了解样品的组成、结构和性质,为科学研究和工业生产提供有力支持。

(二)色谱分析法的操作步骤

色谱分析法是一种精细的分析技术,其实施涉及多个关键环节。第一步根据分析的具体需求,选取恰当的色谱柱和流动相,这直接决定了分析的灵敏度和分辨率。第二步,样品的准备工作同样不容忽视,必须确保样品的纯净度和浓度适合色谱分析。将处理好的样品注入色谱柱后,流动相的启动便促使样品在柱内进行精细的分离过程。在这一过程中,各组分因其不同的物理化学性质而被逐一区分开。第三步检测器的使用,它能够捕捉到分离后各组分的信号,将这些信号转换成可测量的电信号。这些信号随后被记录并分析,从而得到各组分的定性和定量信息。

(三)色谱分析法的应用与优势

色谱分析法在物质内部成分分析中占据着举足轻重的地位,其应用范围广,涵盖了食品、药品、环境样品等诸多领域。这种方法的高分辨率、高灵敏度以及高精确度,使其在分离和测定复杂混合物中的各个组分时表现出色,能够精准地揭示样品中各组分的含量与性质。无论是天然产物中的化学成分,还是工业产品中的杂质分析,色谱分析法都能提供可靠的数据支持。除了其高精度的分析能力,色谱分析法的操作简便性、快速性以及良好的可重复性也备受推崇,这些优点使得色谱分析法在许多领域中脱颖而出,成为首选的分析工具。特别是在需要快速获得准确结果的情况下,如环境监测中的污染物分析或药品质量控制中的杂质检测,色谱分析法的优势更为明显。

六、电化学分析法

(一)电位分析法

电位分析法是一种电化学分析方法,其基本原理是通过测量化学电池内电极电位与溶液中某种离子的活度或浓度的对应关系来实现定量测定。该方法依赖于能斯特方程,这一方程能够精确描述电极电位与离子浓度之间的关系,从而为测定提供了理论基础。在应用方面,电位分析法展现出了其独特的优势,它能够快速、准确地检测特定离子的活度或浓度,这对于许多化学、生物和环境领域的研究具有至关重要的意义。例如,在环境监测中,电位分析法可以用于测定废水、地表水和地下水中的各种离子浓度,从而评估水质和污染状况。

(二)电解分析法和库仑分析法

电解分析法与库仑分析法作为电化学分析领域的两大重要分支,各自以其独特的测量原理在物质含量测定中发挥着关键作用。电解分析法,其核心在于称量电极表面沉积物的质量。当电流通过电解质溶液时,特定物质会在电极上发生沉积,通过精确称量这些沉积物的质量,便可推算出原始物质在溶液中的含量。这种方法直观、准确,特别适用于那些能够通过电解过程形成明显沉积物的物质。而库仑分析法则是以法拉第定律为基础,通过测量电解完全时所消耗的电量来计算被测物质的含量。法拉第定律揭示了电量与电极反应物质量之间的定量关系,使得库仑分析法能够实现对物质含量的精确测定。这种方法不受样品性质、颜色、浊度等因素的干扰,具有广泛的应用范围。

（三）极谱分析法和伏安法

极谱分析法与伏安法均为电化学分析中的重要技术,各自具有独特的优势和应用领域。极谱分析法以滴汞电极为核心工作电极,通过测量电解过程中的电流与电位变化,精确描绘出电流-电位曲线。这一曲线不仅反映了被测物质的电化学性质,还可用于定量分析其浓度。极谱分析法的灵敏度高,尤其适用于微量物质的检测,其操作简便,结果准确,因此在环境监测、生物医学和冶金工业等领域得到广泛应用。伏安法则是一种基于电压-电流曲线(伏安图)的电化学分析方法,与极谱法不同,伏安法在电极选择上更加灵活,不限于滴汞电极。

七、热分析法

（一）热分析法的基本原理及工作流程

热分析法是通过观测物质在加热或冷却过程中的热量、温度和质量等物理性质的变化,来研究物质的内部结构和成分。其基本原理在于,物质在受热时会发生一系列的物理和化学变化,这些变化通常伴随着热量的吸收或释放,以及质量的增加。通过精确测量这些变化,我们可以推断出物质的组成、结构以及热稳定性等信息。在实施热分析时,通常需要将待测物质放置在特定的热分析仪器中,如差热分析仪、热重分析仪等。这些仪器能够在程序控制的温度下,精确地测量物质在加热过程中的各种物理和化学变化。通过收集和分析这些数据,我们可以得到物质的热分析曲线,从而进一步了解物质的内部成分和性质。

（二）热分析法的常用技术及其特点

热分析法包括多种技术，其中差热分析（DTA）、热重法（TG）和差示扫描量热法（DSC）等是最常用的几种。差热分析通过测量样品与参比物之间的温度差，来反映物质在加热过程中的热效应；热重法则是通过记录样品在加热过程中的质量变化，来研究物质的热稳定性和组成；差示扫描量热法则是测量样品在加热或冷却过程中的热量变化，以了解物质的相变、熔融、结晶等过程。这些技术各有特点，例如差热分析对热效应敏感，适用于研究物质的相变和化学反应；热重法能够直接反映物质的质量变化，适用于研究物质的热稳定性和分解过程；差示扫描量热法则能够精确测量物质的热量变化，对于研究物质的热力学性质和相变过程非常有用。

（三）热分析法的应用领域与实际意义

热分析法在材料科学、化学工程、药物研发等多个领域都有广泛的应用。在材料科学中，热分析法可以用于研究材料的热稳定性、相变过程以及组成成分等信息，为新材料的设计和制备提供指导。在化学工程中，热分析法可以用于优化化学反应条件、监测反应过程以及评估产品的质量和性能等。在药物研发中，热分析法可以帮助研究人员了解药物的稳定性、溶解性以及与其他成分的相容性等信息，为药物的制剂设计和质量控制提供依据。

八、X 射线分析法

（一）X 射线衍射分析法

X 射线衍射分析法是利用 X 射线在晶体物质中的衍射效应进

行物质结构分析的技术。当 X 射线照射到晶体时,由于晶体内部原子的规则排列,X 射线会发生衍射现象。通过分析衍射图谱,可以确定晶体的结构、晶格常数、原子间距等信息。这种方法广泛应用于材料科学、化学、生物学等领域,用于研究物质的微观结构和性质。

(二)X 射线荧光光谱法

X 射线荧光光谱法是一种利用 X 射线激发样品中的原子,使其发射出特征 X 射线荧光,进而对样品进行定性和定量分析的方法。每种元素都有其特征的 X 射线荧光波长和能量,因此可以通过测量荧光的波长和强度来确定样品中存在的元素及其含量。这种方法具有分析速度快、准确度高、非破坏性等优点,被广泛应用于材料分析、环境监测、考古研究等领域。

(三)X 射线吸收光谱法

X 射线吸收光谱法是通过测量样品对 X 射线的吸收情况来分析物质内部成分的方法。当 X 射线穿过样品时,不同元素对 X 射线的吸收能力不同,因此可以通过测量吸收边的位置、形状和强度等信息来确定样品中的元素种类和含量。这种方法在材料分析、环境监测、生物医学等领域也有广泛的应用。

九、电子显微分析法

(一)电子显微分析的基本原理

电子显微分析法是利用电子显微镜来观察和分析物质内部结构和成分的一种科学方法。其基本原理在于利用高速电子束替代传统光学显微镜中的光线,由于电子的波长比光子短得多,因此电子显微镜的分辨率远高于光学显微镜,能够揭示物质内部的细微结构。在电子显微分析中,电子束通过电磁透镜聚焦后,穿透样品并与样品中的原子发生相互作用。这些相互作用会产生多种信号,如散射电子、透射电子、二次电子等,这些信号携带着样品内部结构的信息。通过收集和处理这些信号,我们可以获得关于样品内部形貌、结构和成分的高分辨率图像。

(二)电子显微分析的常用技术

电子显微分析中常用的技术包括透射电子显微镜(TEM)和扫描电子显微镜(SEM)等。透射电子显微镜通过将电子束穿透非常薄的样品,利用电子与样品原子的相互作用,形成明暗不同的影像来揭示样品的内部结构。这种方法特别适用于研究材料的晶体结构、缺陷和界面等。扫描电子显微镜则是利用聚焦电子束在样品表面逐点扫描,通过检测样品发射的二次电子等信号,形成样品的表面形貌图像。SEM 不仅具有高分辨率,还能提供样品的表面形貌、成分和晶体结构等多方面的信息。

(三)电子显微分析的应用领域

电子显微分析法在材料科学、生物学、地质学等多个领域都有广泛应用。在材料科学中,电子显微分析可以帮助我们了解材料的微观结构、晶体缺陷和相变过程,为新材料的设计和制备提供重要依据。在生物学领域,电子显微分析能够揭示细胞超微结构、病毒形态以及生物大分子的分布等,对于生物学研究具有重要意义。此外,在地质学中,电子显微分析也常被用于研究岩石和矿物的微观结构和成分,以探讨地球的演化历史。

第四章　现代化工生产中的 HSE 实践

第一节　化工生产中的危险源管理

一、化工生产中的危险源类型与识别

(一)技术方面

在进行危险源识别时,要对化工生产中所使用的设备和技术进行详细分析。在化工生产的过程中,由于化工生产是一项连续性的工作,所以在进行危险源识别时,需要对生产技术的可靠性和安全性进行认真分析。在对化工生产技术进行分析时,要对危险源发生的可能性、危险源的数量、危险源发生之后造成的后果等内容进行全面分析。在开展化工安全管理工作时,必须对化工生产过程中使用到的设备和技术进行分析,要对相关技术进行全面的了解。通过对相关技术的全面了解,才能够有效地提高化工生产过程中设备和技术使用的可靠性,才能够从根本上提高化工安全管理工作水平,保证化工生产安全。

(二)管理方面

从管理方面来看,首先要加大化工安全管理的力度,增强员工的安全意识。在开展化工生产管理工作时,要定期组织员工进行

培训,提高员工对安全生产管理工作的重视程度。在开展化工生产管理工作时,要让员工充分认识到危险源的类型以及如何进行有效的控制。通过有效的安全培训,让员工了解到危险源的类型以及如何进行有效控制,让员工能够充分认识到危险源的危害性以及危险性。其次,在开展化工生产管理工作时,还要做好相关工作记录,记录下化工生产的具体情况以及各个环节中存在的危险源。通过对这些危险源进行有效控制,从根本上保证化工生产安全。同时要加大监督力度,在进行化工安全管理工作时,要严格监督整个化工生产过程,定期开展监督检查活动。在开展监督检查活动时,要根据化工生产中存在的具体情况制定出相关的安全管理制度。通过开展监督检查活动,可以发现很多存在的安全隐患以及潜在危险源,通过及时发现并解决问题来避免危险发生。

(三)经济方面

在开展化工安全管理工作时,不仅仅要对危险源进行分析,同时也要对其产生的经济影响进行分析。只有这样才能够在化工生产过程中,更好地发挥出危险源的价值,进而从根本上保证化工安全生产工作能够顺利开展。

从经济角度来看,在对化工危险源进行识别时,要对其产生的经济影响进行分析,主要是指危险源产生的损失和费用。只有通过这样一种方式才能够为化工安全管理工作提供有效的帮助。除此之外,在开展化工安全管理工作时,需要充分认识到危险源所产生的损失和费用,要将其作为化工安全生产管理工作的重要依据。

(四)环境方面

在进行化工生产的过程中,环境因素是十分重要的一个方面。

环境方面存在的危险源主要是指在生产过程中产生的废气、废水、废渣以及粉尘等,这些危险源的存在严重威胁着人们的生命财产安全,同时也影响着环境质量,所以在进行化工安全管理工作时,一定要对环境因素进行有效分析。如果发现了危险源,要及时采取有效措施进行消除,同时也要做好化工生产安全管理工作。除此之外,在进行化工生产时还要注意对环境因素进行有效预防。化工企业在生产过程中必须注重对环境因素的控制,同时也要做好预防措施,只有这样才能够确保化工企业在发展的过程中更好地满足人们对物质生活水平提高的要求,同时也能够提高人们的生活质量。

(五)社会方面

从社会方面的角度来看,化工生产中的危险源可以分为两种类型,一种是社会方面的危险源,另一种是企业自身安全生产管理制度。首先,社会方面的危险源主要是指生产过程中产生的环境污染、生态破坏等问题。其次,企业自身安全生产管理制度主要指的是企业内部的各项安全管理制度,主要包括安全教育培训制度、安全检查制度以及安全生产管理制度等。最后,在进行危险源识别时,还需要对危险源进行分类分析。如果存在着多种不同类型的危险源时,就要对其进行细致的分析和研究。在化工安全管理过程中,必须对各种类型的危险源进行细致分析和研究,只有这样才能够从根本上保证化工生产能够顺利进行。

(六)其他方面

在化工生产的过程中,除了上述几个方面之外,还有一些方面也是十分重要的。例如:在进行设备检修工作时,一定要做到彻底检查,不留任何隐患,对于设备在检修过程中所出现的问题也要及时处理,只有这样才能够为化工生产的安全提供一定的保障。

在进行化工生产管理时,还要对安全隐患进行严格排查,对于发现的问题要及时处理,避免在事故发生后再进行补救。综上所述,在化工生产的过程中,危险源的类型与识别是十分重要的。

二、危险源管理的理论与实践

(一)危险源

危险源是指在生产过程中,由于设备、设施存在缺陷,或是在管理方面存在漏洞,或是由于工作人员操作不当等原因导致的危险因素。若危险源一旦出现问题,就会对生产人员造成伤害,甚至导致火灾、爆炸等事故的发生。因此,为了确保生产工作的顺利进行,必须对危险源进行有效的管理。

从化工生产的角度出发,危险源可分为以下五类:1.设备存在缺陷;2.工作人员操作不当;3.由于工作环境影响等原因导致的危险因素;4.企业管理存在漏洞;5.自然环境因素造成的危险源。通常情况下,危险源分为五个等级:一级、二级、三级、四级和五级。

(二)危险源管理的概念及意义

危险源管理主要是对企业在生产过程中可能存在的危险源进行识别,并根据其性质、规模等,制定相应的安全管理措施。根据危险源的不同性质,可以将其分为三种类型:第一种是企业生产过程中的危险源;第二种是产品中的危险源;第三种是产品所涉及的危险源。危险源管理对于企业安全生产工作来说有着十分重要的意义,一方面可以增强员工的安全意识,预防其在工作中发生工伤事故。另一方面,可以在很大程度上避免企业发生重大生产事故,减少经济损失。所以,企业应该从实际情况出发,结合国家相关规定对危险源进行管理。与此同时,还需要加强对危险源的监测与监控,及时发现问题并解决问题。

(三)我国化工企业危险源管理存在的问题

1. 缺乏对危险源的有效管理

在化工生产过程中,由于危险源具有一定的不确定性,所以,必须对其进行有效管理。但是,很多化工企业并没有对危险源进行有效管理,这就导致企业的安全生产得不到有效保障。

2. 危险源管理人员素质较低

随着我国经济的不断发展,越来越多的人参与到化工企业中,他们文化素质、专业技能等都不同,再加上很多企业并没有对其进行严格的培训,使得一些危险源管理人员不能有效地履行职责,这就容易导致其在工作中出现失误,给企业造成严重的损失。

3. 安全管理制度不健全

化工企业其安全管理制度不健全、不完善,由于受到这种现状的影响,很多企业在制定安全管理制度时都存在着随意性和盲目性等问题,这就导致很多企业在实际工作中缺乏相应的安全管理制度。

三、危险源管理的目标与原则

(一)科学、系统原则

科学、系统原则是指在危险源管理过程中,必须从实际出发,采用先进的科学技术手段和方法,充分利用现有技术条件,以提高危险源辨识、评估的科学性和准确性,降低事故发生的可能性,达到减少事故损失的目的。系统原则要求在危险源管理过程中必须与安全生产方针、政策、法规及其他相关措施相结合。

(二)安全优先原则

在危险源管理中,首先要考虑的是如何减少和避免事故的发生。具体来说,危险源管理就是要在事故发生之前采取措施,将风险降至可接受水平。如果风险可控,则不必采取措施;如果风险无法控制,则需要采取措施以降低事故发生的可能性。

这就要求企业在选择危险源控制措施时,应考虑如下几个方面:

1. 安全优先原则,即优先选择那些能够从根本上解决安全问题的方案。

2. 经济合理原则,即优先选择那些经济上合理、技术上可行、容易操作的措施。

3. 易于实施原则,即优先选择那些容易实施的措施。这些措施不需要对设备和人员进行过多的投入,也不需要过长的时间来验证其效果。

(三)持续改进原则

1. 危险源管理应作为企业生产经营管理的一个持续过程,其内容、程序和方法应不断改进,以适应生产经营管理的需要。

2. 危险源管理应由被动转为主动,由事后转为事前,在实施过程中应注意检查危险源控制的效果,对措施进行修正或改进。

3. 企业在进行危险源管理时,应注意危险源识别的系统性和

有效性,进行合理的计划、组织、协调和控制;对危险源采取措施时
应坚持系统、全面、合理的原则,做到系统优化。

(四)全员参与原则

危险源管理是一项系统的工作,需要全员参与。

一方面,管理者要积极组织开展危险源辨识与评价工作,及时
消除重大危险源,对重大危险源实施重点控制。另一方面,职工要
积极参与危险源管理活动,从专业技术人员和一线职工的角度对
所管区域内的危险源进行辨识与评价,及时消除重大危险源。

(五)与安全生产管理过程相结合原则

危险源管理原则与企业安全生产管理过程是相互联系、相互
制约的。危险源管理过程应纳入安全生产管理过程,要根据危险
源的种类和数量,结合生产工艺要求和安全生产管理体系要求,制
定危险源识别和风险评价的程序、标准及方法,编制《危险源手
册》,并将其纳入企业安全生产管理体系。危险源管理是保证企业
安全生产的重要措施之一,企业要将危险源管理原则融入企业的
日常安全生产活动中,做到同步实施,并贯穿于整个安全生产过程
之中。

四、化工生产中危险源管理的重要性与紧迫性

(一)做好危险源的识别和评价

在进行化工生产过程中,需要做好危险源的识别和评价,并将
识别和评价结果反馈到管理工作中去,从而保证危险源管理工作
的顺利开展。因此,相关人员需要加强对危险源的识别和评价工

作,提高危险源识别和评价工作的准确性。在进行危险源识别和评价之前,需要对生产过程进行详细的了解,掌握生产过程中可能出现的安全隐患。根据实际情况制订详细的安全管理计划,明确人员分工和岗位职责,并根据实际情况建立健全的安全管理制度。对在生产过程中存在的危险源进行分析时,要全面考虑各种因素。如生产设备、工艺条件、原材料、操作人员以及环境等方面存在的危险因素。通过分析这些因素,找出可能发生事故或险情的部位,根据其发生的概率大小、危险性大小等因素确定安全等级,并对危险源进行分级管理。根据风险评价结果制定相应的对策措施。

(二)制定完善的安全管理制度

在化工生产过程中,对危险源进行管理和控制需要有完善的制度做保障,所以,企业要制定完善的安全管理制度,加强对危险源的管理。具体来说,企业应该制定以下五方面的制度:一是建立危险源管理体系。企业要按照国家法律法规和有关标准,结合自身实际情况,建立完整、科学的危险源管理体系。

二是制定危险源管理制度。企业要根据实际情况,制定完善的安全管理制度,确保在生产过程中能够有效地对危险源进行管理。

三是加大对安全培训教育力度。企业应该定期对员工进行安全培训教育,增强员工的安全意识和增加员工安全知识的储备,增强员工在生产过程中的安全意识和责任意识。

四是完善相关规章制度。企业应该制定科学、合理的规章制度,加大对危险源的监管力度。

五是落实安全责任制度。企业要加强对危险源管理人员的考核工作,明确其在危险源管理过程中的责任和义务,提高其工作效率和质量。

（三）做好危险源的监督工作

在化工生产过程中,危险源管理工作是一项非常重要的工作,只有做好危险源的监督工作,才能够保证化工生产的安全。所以,相关部门应该对危险源进行定期的监督检查。在检查过程中,相关人员要严格按照国家规定的标准和要求进行,对存在安全隐患的区域进行整改处理。除此之外,还应该对危险源管理制度进行完善和改进,确保危险源管理制度可以真正发挥作用。

化工生产是一个复杂的过程,其涉及多种物质和能源的混合使用。在生产过程中,如果发生安全事故,就会对人们生命和财产安全造成一定的威胁。所以,相关部门应该对化工生产中的危险源进行监督检查工作,对存在安全隐患的区域进行整改处理。

（四）加强对人员的培训

在化工生产过程中,涉及大量的危险物质,因此,需要加强对员工的培训。对于从事化工生产的工作人员来说,需要具备较高的安全意识和安全技能。因为在化工生产过程中,员工需要掌握一定的安全技能和安全知识。通过培训,员工能够了解危险源的存在以及产生原因,从而采取相应的措施来预防和控制危险源。除此之外,还可以通过对员工进行安全教育来提高其对危险源管理重要性的认识,从而能够更加积极主动地参与到危险源管理工作中去。只有让员工充分了解到危险源管理工作的重要性,才能够进一步提高员工对危险源管理工作的认识和参与度,从而更好地实现化工生产过程中危险源管理工作。

（五）加强对生产设备和装置的管理

化工生产过程中需要使用到大量的生产设备和装置,这些设备和装置如果管理不到位,很容易出现问题,进而引发危险事故。因此,需要加强对化工生产设备和装置的管理,相关部门应该加强对其管理,加强监督和检查工作,确保每一台设备和装置都能够正常运转。另外,在对化工生产设备和装置进行管理时,需要注意以下四点:

第一,设备的安装需要符合相关规定要求。

第二,对设备的使用需要遵循一定的操作规范。

第三,对设备进行检修时需要由具有资质的人员进行操作。

第四,设备的操作人员必须经过专业培训并取得相关资格证书才能上岗。

（六）制定安全事故应急预案

为了预防化工生产过程中的安全事故,需要制定相应的应急预案。因为在化工生产过程中可能会出现一些危险因素,例如:火灾、爆炸、中毒、窒息等。同时,还需要定期进行演练,以检验应急预案的实际效果。

综上所述,化工生产是一项复杂的工程,危险源是化工生产过程中最大的安全隐患。如果危险源管理不到位,那么就会出现严重的事故。因此,为了保障人民群众的生命财产安全和社会稳定,化工企业需要加强对危险源的管理,做好危险源管理工作。同时,相关部门还需要加强对化工生产过程中危险源管理的监督和检查力度,以确保化工生产过程中危险源管理工作的顺利进行。

(七)做好危险源事故的预防工作

在化工生产中,对危险源进行管理是为了预防危险源事故的发生。因此,在对危险源进行管理的过程中,需要做好预防工作,这是非常重要的。在预防危险源事故发生时,首先需要对化工企业生产设备和作业环境进行检查,针对检查出的问题制定出相应的解决措施,从而保障化工企业生产的安全性。其次,需要对生产人员进行专业的培训和教育,加强他们的安全意识。最后,需要对化工企业的安全管理制度进行完善,制定出相关的管理规定和办法,在这些制度中需要包括对危险源事故预防措施的制定。在制定过程中,需要结合我国化工企业实际情况来制定,只有这样才能保证化工企业在生产过程中做好预防工作,从而减少化工企业在生产过程中的危险源事故。

第二节 安全风险评估与控制措施

一、现代化工生产中安全风险评估与控制的重要性

(一)化工企业安全生产中存在的问题

1. 化工生产安全风险评估工作不够深入

目前,我国很多化工企业在生产过程中缺乏完善的安全风险评估工作,这也直接影响了我国化工企业的健康发展。尤其是在化工生产的过程中,安全风险评估工作不到位,会导致大量的安全事故发生。

2. 员工素质水平不高

当前我国的很多化工企业都存在着员工素质水平较低的情况,这不仅会对化工生产工作造成一定程度上的影响,还会增加安全风险发生的概率。另外,在化工生产过程中,很多员工没有做好安全风险评估工作,这也是导致事故发生的一个重要因素。

3. 企业缺乏健全的安全管理制度

在化工企业中,很多企业都没有建立健全的安全管理制度,这会影响到化工生产工作的开展。另外,企业没有建立完善的安全培训制度也会增加安全事故发生概率。因此,要想避免此类事故发生,就要加强企业内部管理,建立完善的安全培训制度。

(二)化工生产过程中的风险点分析

从化工企业生产的实际情况来看,影响化工企业安全生产的因素有很多,比如设备故障、工艺技术不达标、人为因素、环境因素等,这些都是影响化工企业安全生产的主要因素。在实际生产过程中,化工企业必须对每一个可能影响安全生产的风险点进行分析,并制定相应的控制措施,从而降低安全风险发生的概率。另外,从化工企业自身来看,由于很多化工企业都是民营企业,其安全管理工作开展得也不够深入。虽然民营企业在社会上比较受欢迎,但是其自身规模相对较小、安全管理制度不完善等,都会对化工生产造成一定影响。在实际生产过程中,民营企业必须加强对风险点的分析和控制工作。

(三)提高化工生产技术人员素质水平

要想确保化工企业的安全生产,就必须有一支专业素质较高的技术人才队伍。从当前我国化工企业的生产情况来看,技术人员的素质水平普遍较低,这也是导致化工生产安全风险评估和控制工作难以落实到位的重要原因之一。因此,企业必须注重提高技术人员的素质水平,定期组织技术人员进行培训学习,不断加强其专业技能和安全生产意识,从而使其能够在工作过程中严格按照安全生产流程进行操作。另外,企业还可以通过开展安全生产竞赛、聘请专业技术人员进行指导等方式来提高技术人员的专业能力和素质水平,从而使其能够在实际工作中严格按照相关安全操作规程进行操作,从而避免安全事故发生。

(四)健全化工生产安全管理制度

要想保证化工企业的安全生产,就必须健全安全管理制度,增强企业内部员工的安全意识。为此,化工企业一定要在全面贯彻落实国家相关法律法规的基础上,对安全生产进行有效管理。首先,化工企业在开展各项工作时,必须按照国家规定的相关要求和标准开展工作。其次,化工企业应制定相应的管理制度,对相关人员进行合理分工,明确职责。最后,化工企业还要加大对设备和安全管理工作的投入力度,对生产设备进行定期检查和维护。另外,化工企业还应建立安全生产责任制,将企业的所有人员都纳入安全生产责任制当中。还应制定相应的安全生产应急预案,并定期组织开展演练活动。只有在各项制度的保障下,化工企业才能够实现安全生产。此外,化工企业还应建立安全风险评估和控制机制,根据相关制度对各种危险源进行有效控制。

(五)提升设备技术含量和安全性

在化工企业生产的过程中,安全风险评估与控制工作也是非常重要的,所以,化工企业在生产过程中必须重视安全风险评估与控制工作。首先,企业必须定期对化工设备进行维护和保养,确保设备在运行的过程中不会出现故障。其次,企业在开展安全风险评估与控制工作时,一定要严格遵守相关规定和流程。最后,企业在开展安全风险评估与控制工作时,一定要注重安全生产和环保工作相结合,只有这样才能最大限度地降低安全事故发生的概率。

化工生产属于危险性较高的行业之一,如果化工生产出现任何事故都会造成严重后果。因此,为了降低化工生产安全事故的发生概率,必须加强对化工设备的管理和维护。另外,企业在开展安全风险评估与控制工作时必须注重结合实际情况制定相关措施,从而全面提升企业的安全生产水平。

(六)建立安全风险评估体系

企业应根据自身生产实际情况,建立安全风险评估体系,对自身生产经营中的危险源进行辨识,并将辨识结果与企业现状进行对比分析,根据实际情况来制定相应的安全风险评估方案,确保评估结果的有效性。同时,企业在对危险源进行辨识时,应充分考虑到安全风险评估体系的科学性与合理性。另外,企业在开展安全风险评估工作时,应结合自身实际情况制定出相应的安全风险控制方案,并将方案的可行性与科学性作为重要参考依据。在实际生产过程中,企业还应对自身安全风险评估体系进行不断的完善与优化,使之不断适应当前社会经济发展的实际需要。此外,企业还应针对自身存在的问题进行分析,并对存在的问题制定出相应的解决方案。

二、安全风险评估的理论基础与方法

(一) 风险的基本概念

风险的基本定义是:在一定条件下,某种事件发生的可能性或发生时造成损失的程度超过了其可接受的范围,其结果超出了人们的期望。风险可以定义为:在一定条件下,某一事物或过程由于不确定性因素而导致发生事故概率增加、损失程度加大、持续时间延长等情况。具体地讲,风险就是风险事件发生的概率或者损失程度超过人们可接受的范围。在一定条件下,风险可以由风险事件或损失来定义。

风险是可以量化的,常用的量化方法是计算概率,也就是根据某一事件发生的可能性进行计算,进而对事故发生的可能性和损失程度进行定量描述。常用方法有:事故树分析法、贝叶斯网络法、模糊逻辑法、灰色关联度分析法等。

目前,国内外对安全风险评估的研究主要集中在以下四个方面:第一,开展了风险评估方法研究,其中主要包括概率和风险评估方法;第二,开展了安全风险评估理论研究,其中主要包括事故树分析法、贝叶斯网络法、模糊逻辑法、灰色关联度分析法等;第三,开展了安全风险评估实践研究,其中主要包括事故树分析法、安全评价法、应急预案编制与演练方法等;第四,开展了安全风险评估应用研究。通过以上四个方面的工作,初步形成了安全风险评估的理论框架。

(二) 事故发生的概率

事故发生的概率是指某一特定事件发生的可能性,它是由事故致因理论和事故统计资料中有关数据确定的。由于事故致因理论是事故研究的重要组成部分,因此对事故发生概率的研究也就成了事故研究的重要内容。现有研究主要从统计概率和理论概率两个方面对事故发生概率进行分析。在统计概率方面,人们主要用频率分析法对不同事件发生的可能性进行定量计算,而对事件之间关系则不做任何处理。在理论概率方面,人们主要运用各种概率分布模型,如泊松分布、威布尔分布、马尔可夫链等,对不同事件之间关系进行定量计算。这两个方面的研究都存在许多问题,使人们难以对风险进行准确评估。

(三) 风险评估的方法

风险评估的方法主要有定量评估法和定性评估法两大类。定量评估法是通过统计分析等方法将风险事件发生的概率表示成概率分布,再利用概率分布与概率密度函数计算事故的后果。例如,通过统计分析,建立危险源与事故后果之间的概率关系,从而对危险源进行风险评估。定性评估法是指根据以往类似事故的经验,将可能导致事故发生的因素识别出来,再利用"人、机、料、法、环、测"等各方面的知识和经验对这些因素进行分析,从而确定系统中不安全因素及其引起的后果。例如,通过调查了解某企业设备设施的安全状况,通过安全检查表来识别出可能导致事故发生的安全隐患,对这些隐患进行风险分析,确定出这些隐患发生的概率和可能导致事故发生的后果。定性评估法是指对企业在安全管理方面存在的问题进行分析和评估。例如,对企业的管理制度进行分析,找出企业安全管理方面存在的问题并对其进行风险评估。总之,风险评估方法主要有:事故树分析法、系统功能分析法、危害因素分析法、模糊逻辑分析法等。通过上述方法可以找出生产过程中潜在发生事故的风险因素,根据这些风险因素采用相应的风险评估方法来对风险因素进行评估和排序。

(四)研究内容

风险评估是一项复杂的系统工程,涉及多个学科,主要包括:安全风险管理、安全信息管理、事故统计分析、事故树分析等。安全风险评估是在这些理论基础上发展起来的,因此,以上理论基础也是安全风险评估研究的理论基础。

安全风险评估是一个多学科交叉的领域,主要涉及系统工程、数学、社会学和管理学等学科。不同学科都有各自的研究重点和方向,但也存在一些共性问题:首先,安全风险评估的研究对象一般是由系统组成的,但是,由于安全风险评估是一项复杂的系统工程,涉及多个学科领域和许多工作环节,因此,在实际研究中应将研究对象分解成若干个子系统进行研究。其次,由于安全风险评估具有较强的实践性和应用性,因此在理论基础上还必须充分考虑实际工作中的问题。再次,由于安全风险评估涉及大量的信息资料和大量的数据处理工作,因此,必须高度重视相关基础资料和原始数据的收集、整理和分析工作。最后,由于安全风险评估具有较强的综合性和实践性,因此,在研究中应特别重视理论方法、计算机技术在安全风险评估中的应用。

在此基础上可以得出以下结论:

1.根据实际需求,建立一套较为完整、适用于安全风险评估工作需要的理论体系和技术方法。

2.在现有安全风险评估工作实践经验的基础上,根据不同行业领域或系统特点,建立适用于不同行业或系统安全风险评估工作需要的方法体系和技术方法。

(五)存在的问题

由于安全风险评估所涉及的领域很多,导致安全风险评估的理论体系还不够完善,缺乏系统性。目前,学术界对安全风险评估的理论研究主要集中在安全风险定义、评估方法、影响因素和控制措施等方面,并取得了一些有意义的成果。但是,在实际应用过程中,这些研究成果存在以下问题:

1. 有些研究只是针对特定行业、领域或企业进行风险评估,没有综合考虑多行业、多领域、多企业等复杂系统的风险评估问题。

2. 有些研究只是针对安全风险评估中的某一方面进行了深入研究,对其他方面的研究缺乏系统研究。

3. 有些研究成果只对某个单一系统或企业进行了风险评估,没有考虑不同系统的适用情况与组合。

4. 有些研究成果只针对某个特定的领域进行了深入研究,而没有综合考虑安全生产与社会经济发展之间的关系。

5. 有些研究成果只对单个企业或某一行业进行了风险评估,而没有将风险评估成果应用于整个社会。

三、现代化工生产中的安全风险控制措施

(一)增强员工的安全意识

由于化工生产是一个高危行业,需要长期在恶劣的环境中工作,而且工作时间较长,因此员工的安全意识和自我保护意识非常重要,只有增强了员工的安全意识,才能保障员工的人身安全。首先,企业应该加强对员工的安全培训,让员工对安全生产有一个正确的认识,培养员工良好的职业素质和专业技能。其次,企业应该

组织一些专门的培训活动,让员工了解各种生产设备和生产工艺等方面的知识,使员工对各种设备、设备以及工艺有一个全面、清晰的认识。此外,还需要加强对员工操作技能方面的培训。最后,企业还应该建立相应的奖惩机制,对在安全生产方面表现突出的员工进行表彰和奖励,通过这种方式可以提高员工对安全生产工作的重视程度。

(二)加强对安全设备的维护

设备的维护是化工生产安全风险控制的一个重要环节,对于化工生产来说,设备是非常重要的。在实际的化工生产过程中,如果设备出现了故障,就会给生产造成极大的影响。因此,需要对设备进行维护和检修,只有这样才能保证设备能够正常运行,降低故障发生率。同时,还需要对设备进行定期维护和检修,使其保持良好的运行状态。在实际的工作中,需要相关部门加强对设备的管理和监督工作,及时发现和处理故障问题。同时,还需要对安全设施进行定期检查和维修工作,确保其能够正常运行。此外,还需要加强操作人员的业务培训,使其能够严格按照规程进行操作。

(三)加强对化学危险品的管理

在化工生产中,化学危险品是重要的组成部分,主要包括一些易燃易爆、剧毒、放射性以及腐蚀性等化学危险品。这些化学危险品在生产过程中具有较大的危险性,一旦发生爆炸事故,将会造成严重的后果,因此,需要相关部门加强对这些化学危险品的管理,将化学危险品的使用和管理进行规范化。在化工生产中,必须做好相关化学危险品的储存工作,在储存过程中需要采取一定的防火措施,对于一些易燃、易爆、易腐蚀等化学危险品进行妥善保管和处理。同时还需要对一些容易发生化学反应的化学危险品进行严格控制,在存放过程中必须注意防火问题,不能将危险化学品与其他物品共同存放,以免发生爆炸事故。

(四)保证化工生产过程中的安全性

化工生产过程中的危险源是比较多的,所以,在化工生产过程中需要及时对这些危险源进行分析,并制定出相应的防范措施,从而保证化工生产过程中的安全性。首先,需要对化工生产的工艺流程进行严格控制,防止因为操作不当而引发安全事故。其次,在化工生产过程中需要加强对设备的维护和保养工作,对设备进行定期检测和检修,使设备始终处于良好的运行状态。最后,需要对危险源进行分析和研究,制定出相应的防范措施,将安全风险控制在最小范围内。同时还需要对危险源进行分类管理和标识,对危险源进行登记和统计,为以后的安全管理工作提供数据支持。通过以上措施可以有效保证化工生产过程中的安全性。

(五)积极开展安全风险评估工作

安全风险评估工作是一项系统性、综合性的工作,需要各部门之间相互配合,对化工企业的生产环境、设备和工艺进行详细的了解和分析,从而制定出最合理的安全风险控制方案。因此,企业要积极开展安全风险评估工作,对每个环节、每道工序的安全风险进行全面分析和评估,及时发现潜在的安全问题,并制定出相应的解决措施。在开展风险评估工作时,要综合考虑企业自身实际情况,根据以往的安全事故案例和相关数据分析得出结论,并对事故发生的原因、过程进行深入分析。与此同时,要加大对员工的培训力度,不断提高员工的专业技术水平和综合素质。在实际工作中,要定期组织员工进行培训和学习,让他们掌握先进的安全管理知识和技能,使他们能够熟练掌握化工生产流程以及相关安全操作规范,从而提高员工的工作效率和安全意识。

(六)及时整改存在的问题

由于我国化工行业发展速度较快,在发展过程中也存在着一些问题,这些问题需要相关部门及时整改,以提高化工生产的安全性。首先,在化工生产中需要重视安全风险控制工作,明确安全生产工作的重要性。其次,加强对安全风险控制人员的培训,提高其综合素质。最后,对设备进行定期检查和维护,提高设备的安全性。此外,相关部门应对化工生产中存在的问题要及时制定整改方案和措施,从而防止安全事故的发生。通过以上几项措施可以提高化工生产的安全性,为化工行业的可持续发展打下坚实的基础。

(七)加强化工行业的安全监管

在化工行业的发展过程中,需要加强安全监管工作,尤其是对于一些规模较大的化工企业,其安全监管工作要更加重视,建立完善的安全监管机制,全面落实安全生产责任,切实加强监督管理工作,及时发现并解决安全生产问题。在日常工作中,要不断强化安全监督检查力度,及时发现问题并进行整改。对于存在着重大安全隐患的企业,要责令其停产停业整改。在整改期间要采取有效的预防措施和应急预案,防止安全事故的发生。

第三节　HSE 管理体系在化工企业的实施与优化

一、HSE 管理体系的实施

(一)前期准备与体系建立

实施 HSE 管理体系是化工企业提升安全生产水平的关键举措。在前期准备阶段,企业需明确 HSE 管理的核心目标和具体要求,确保管理体系与企业发展战略相契合。建立合理的组织架构,确保 HSE 管理体系能够得到有效运行。各级管理人员和操作人员的职责与权限需明确划分,以形成责权清晰、协调配合的工作机制。此外,企业需要深入分析自身的生产特点、危险源分布及安全管理现状,结合行业标准和规范要求,制定切实可行的 HSE 管理体系文件。这些文件应涵盖 HSE 管理的各个方面,包括风险管理、培训教育、应急响应等,为实施工作提供详细的指导和依据。在前期准备过程中,企业还需注重与相关方的沟通与协作,与政府部门、行业协会等保持密切联系,及时了解行业安全管理的最新动态和政策要求;与供应商、客户等合作伙伴建立良好的合作关系,共同提升安全生产水平。

(二)风险评估与控制措施制定

风险评估作为 HSE 管理体系实施的关键环节,对于化工企业而言具有至关重要的意义。在化工生产过程中,潜在风险无处不在,全面识别这些风险并准确评估其可能带来的危害程度和发生概率,是确保生产安全的重要前提。化工企业需要对生产流程中的各个环节进行细致的风险识别,这包括原料储存、加工操作、设备运行等多个方面。通过现场观察、历史数据分析以及专家咨询等手段,企业能够系统地梳理出潜在的风险点,为后续的风险评估提供坚实基础。风险评估则是对识别出的风险进行定性和定量分析的过程,企业需运用科学的风险评估方法,综合考虑风险的性质、影响范围、发生频率等因素,对风险进行客观评价。这一过程不仅有助于企业深入了解风险的本质,还能为制定风险控制措施提供有力依据。制定风险控制措施是风险评估的最终目的,针对识别出的风险,化工企业需要制定切实可行的控制措施,包括技术改进、操作规范优化、应急预案制定等。这些措施旨在降低风险的发生概率和减少风险带来的损失,确保生产过程的安全稳定。

(三)人员培训与能力提升

HSE 管理体系的实施离不开全体员工的深度参与和坚定支持,为确保员工能够充分理解和有效执行这一体系,化工企业需要组织专门的培训活动。这些培训旨在提升员工的安全意识,增强他们的操作技能,进而为企业的安全生产提供有力保障。培训内容方面,应全面涵盖 HSE 管理体系的核心理念、基本要求及具体的实施方法。员工需要了解 HSE 管理体系在化工生产中的重要性,以及它如何帮助企业降低风险、提高生产效率。同时,培训还应包括相关的安全操作规程,帮助员工掌握正确的操作方法,减少因操作不当引发的事故风险。此外,应急处理技能也是培训的重要一环,员工需了解在紧急情况下如何迅速响应、有效处置,确保事故能够得到及时控制,减少损失。

(四)体系运行与持续改进

HSE 管理体系的运行是一项持续性的任务,化工企业不仅要建立起一套行之有效的管理体系,更要确保其在实际操作中能够切实有效的执行。为此,监控与改进机制显得尤为关键,有效的监控机制是 HSE 管理体系运行的基石,它确保了对体系运行情况的定期检查与评估,以及时发现问题和隐患。化工企业应设立专门的监控团队,负责收集和分析 HSE 管理数据,监测体系运行的各项指标,并对异常情况进行调查和处理。同时,定期的内部审计和外部审查也是监控机制的重要组成部分,它们帮助企业从更全面的角度审视 HSE 管理体系的运行状况,识别潜在的改进空间。持续改进是 HSE 管理体系的生命线,随着生产环境的变化和安全要求的提升,HSE 管理体系必须与时俱进,不断适应新的挑战。企业应根据监控机制反馈的信息,对 HSE 管理体系进行针对性的改进。

(五)文化建设与氛围营造

HSE 管理体系的实施是一项系统工程,它不仅需要完善的制度作为支撑,更需要深入人心的 HSE 文化作为引领。化工企业作为高风险行业,更应注重 HSE 文化的建设,通过多元化的方式营造浓厚的文化氛围。宣传教育是 HSE 文化建设的重要手段,企业应充分利用内部媒体、宣传栏、安全标语等渠道,广泛宣传 HSE 管理理念、安全知识和操作规程,使员工在日常工作中耳濡目染,逐步形成正确的安全价值观和行为习惯。此外,激励机制也是推动 HSE 文化建设的重要动力,企业应建立健全安全奖励制度,对在安全生产中表现突出的个人和团队给予表彰和奖励,激发员工参与 HSE 管理的积极性和主动性。同时,对于违反安全规定的行为,应给予相应的处罚。

二、HSE 管理体系的优化

(一)强化政策与领导力

　　HSE 管理体系的优化,其首要环节在于政策和领导力的强化。公司必须明确其 HSE 的愿景与目标,确保这些目标与企业的整体战略相互呼应,形成统一的指导方针。通过设定清晰明确的 HSE 政策,不仅能够明确各级员工的职责与权力,更可以为 HSE 管理的有效实施奠定坚实基础。高层领导在 HSE 管理体系优化中扮演着举足轻重的角色,他们需展现出对 HSE 的坚定承诺,通过实际行动来引领和推动整个体系的进步。这包括但不限于定期参与 HSE 会议,深入了解 HSE 工作的进展与瓶颈,为优化工作提供方向和支持。此外,领导层还应积极投入资源,确保 HSE 管理体系的持续优化并得到必要的物质保障。领导层的积极参与和承诺,能够激发员工对 HSE 工作的热情和投入,当员工看到领导层对 HSE 的高度重视和实际行动时,他们会更愿意参与到 HSE 管理体系的优化中来,共同为企业的安全生产和可持续发展贡献力量。

(二)风险识别与评估

　　风险识别与评估在 HSE 管理体系中占据举足轻重的地位,是确保企业安全运营的基石。建立完善的风险识别机制至关重要,这一机制应包括定期的安全检查、隐患排查,以及事故报告等多个环节,从而能够迅速捕捉并定位潜在的安全风险点。安全检查要全面细致,隐患排查需深入彻底,事故报告必须及时准确,这样才能确保每一个可能的安全隐患都能被及时发现。在风险识别的基础上,科学的风险评估方法是不可或缺的,通过采用专业的评估工具和技术,对识别出的各类风险进行详尽的定性与定量分析,进一步精确判定风险的大小和等级。这一过程不仅能为企业管理层提供决策支持,更为后续的风险控制措施提供了坚实的数据支撑。制定并执行针对性的风险控制措施,是 HSE 管理体系中的又一重要环节,这些措施应全方位覆盖工程技术、管理和个体防护三个层面。

(三)培训与教育

培训与教育在提升员工 HSE(健康、安全与环境)意识和技能方面,扮演着举足轻重的角色。对于任何公司而言,加强 HSE 培训不仅是法定责任,更是确保员工生命安全、维护企业持续稳定发展的基石。通过专业的 HSE 培训,员工能够系统地掌握安全操作规程、紧急应对措施以及环保理念,从而在日常工作中做到防患于未然,有效降低事故发生的概率。此外,定期的 HSE 宣传活动同样不可或缺,这些活动可以通过多种形式展开,如设置醒目的宣传栏、发放图文并茂的宣传册、利用微信公众号等新媒体进行知识推送。这些举措不仅能够帮助员工在潜移默化中加深对 HSE 知识的理解和记忆,还能提高员工对 HSE 工作的关注度和参与度,形成全员参与、共同维护的良好氛围。

(四)应急管理与事故预防

应急管理与事故预防在 HSE 管理体系中扮演着至关重要的角色。制定一份详尽且实用的应急预案是必不可少的,这份预案需要清晰地列出应急响应的每一步程序和具体措施,以便在事件发生时,公司能够迅速且有条不紊地进行应对。预案应包括紧急疏散、现场救援、医疗救护、事故报告等各个环节,确保每个环节都有明确的责任人和执行步骤。通过这些活动,员工可以更加熟悉应急程序和措施,明确自己在应急管理中的角色和责任,从而在真实发生紧急情况时能够冷静应对。事故预防同样重要,在发生事故后,进行深入的原因分析是防止事故再次发生的关键。这包括对事故的直接原因、间接原因以及管理原因进行全面剖析,并从中吸取教训,制定相应的预防措施。

(五)持续改进与绩效评估

持续改进与绩效评估是 HSE 管理体系得以不断优化的关键所在。一个有效的 HSE 管理体系必须建立在一套科学、公正的绩效评估体系之上,这一体系不仅要能够定期衡量 HSE 管理体系的运行效果,更要通过深入的数据收集与分析,精准把握 HSE 工作的真实情况。绩效评估体系的运作过程,实质上是一个发现问题、分析问题、解决问题的循环过程。通过对 HSE 工作各项指标的细致考察,公司能够清晰地识别出存在的问题和不足,从而为后续改进工作指出明确的方向。这些问题可能涉及安全操作规程的执行、环保措施的落实、应急响应机制的完善等多个方面,在发现问题的基础上,制定改进措施是优化 HSE 管理体系的关键步骤。这些措施应该具有针对性、可操作性和实效性,能够切实解决在评估中发现的问题。同时,改进措施的实施也需要有明确的责任人和时间表,以确保各项措施能够得到有效执行。

三、应急响应与危机管理

(一)应急预案制定与演练

化工企业因其生产特点和所涉及的危险化学品,时常面临多种潜在风险和突发事件的威胁,这使得制定一套完善的应急预案显得尤为重要。在制定预案时,企业必须充分考虑其在生产过程中的各种可能风险,这些风险评估的结果是预案制定的基础。结合化工生产的实际情况,预案需要详尽规划应急响应的每一步程序,从发现异常、启动应急响应,到实施紧急救援措施,每一个环节都应有明确的操作流程和责任划分。除了程序性的规划,预案中还应明确列出可用的救援资源和必要的物资配置,包括但不限于应急设备、救援队伍、医疗物资以及必要的通信和交通工具。这些资源的合理配置,是确保应急响应迅速有效的关键。

(二)应急队伍建设与培训

建立一支专业的应急队伍,是保障企业安全生产、维护员工生命安全的重要一环。这支队伍由经验丰富的应急救援人员和医疗救护人员组成,他们是企业应对突发事件的坚强后盾。为了确保应急队伍能够高效、有序地开展工作,系统的培训和教育是必不可少的。通过培训,队员们能够深入了解企业的生产工艺、设备设施以及危险源分布情况,掌握应急救援的基本知识和操作技能。同时,他们还能学习如何在紧急情况下迅速响应,有效实施救援行动。这种培训不仅提高了队员们的应急响应能力,还增强了他们的团队协作能力和提高安全意识。在日常工作中,应急队伍应保持高度警惕,随时准备应对可能出现的突发事件。应定期开展演练活动,模拟各种可能出现的紧急情况,以检验队伍的应急响应速度和救援效果。通过演练,队员们能够更好地熟悉救援流程,提高应对突发事件的实战能力。

（三）应急资源储备与调配

化工企业在应对潜在风险和突发事件时,确保应急资源的充足储备和有效调配显得尤为重要。其中,不仅包括诸如救援设备、专业器材、急救药品等应急物资的充足储备,还涵盖了应急通信设备和交通工具等关键资源的保障。这些资源的准备情况直接关系到应急救援的效率和成功率。在日常运营中,企业应建立完善的物资储备和更新机制,确保应急物资始终处于良好状态,随时可用。同时,应急通信和交通资源的保障也是不可或缺的一环,它们在紧急情况下扮演着信息传递和快速响应的重要角色,当发生紧急情况时,根据实际情况灵活调配这些资源至关重要。企业应有一套科学的资源调配方案,确保在第一时间将最合适的资源调配到最需要的地方,从而使救援行动的高效进行。

（四）危机管理与事后总结

化工企业在面临突发事件时,建立并执行一套高效的危机管理机制至关重要。这一机制涵盖了信息报告、决策指挥以及协调沟通等多个关键环节,确保在危机发生之际,企业能够迅速而有序地启动应急响应程序。信息报告是危机管理的基石,化工企业应建立畅通的信息渠道,确保在危机发生时,能够迅速收集、整理和传递相关信息。这不仅有助于企业及时了解危机的性质、规模和影响范围,还能为后续的决策指挥提供有力支持。决策指挥是危机管理的核心,在危机发生时,化工企业应设立专门的指挥机构,负责统一指挥和协调各方力量。指挥机构应具备快速决策、果断行动的能力,能够根据危机情况的变化及时调整应对策略,确保救援行动的高效和有序。协调沟通是危机管理的重要保障,化工企业应加强与政府、社区、媒体等各方之间的沟通与合作,共同应对危机。

四、文化与意识建设

(一)树立 HSE 管理理念,强化安全意识

HSE 管理体系作为化工企业实现安全生产的重要基石,其核心在于强调健康、安全与环境的一体化管理。这一体系不仅关注生产过程中的安全问题,还将员工的健康和企业对环境的影响纳入管理范畴,体现了全面的企业管理理念。要有效实施 HSE 管理,企业必须从根本上树立 HSE 管理理念,深刻理解其内涵和要求。安全意识是 HSE 管理体系的精髓,它应贯穿于企业的所有生产经营活动中。企业应通过多渠道、多形式的宣传教育和培训学习,不断强化员工的安全意识,使他们充分认识到安全生产对于个人、家庭和企业的重要性。只有当员工从内心深处认同安全生产的价值,才能自觉遵守各项安全规章制度,主动防范安全风险。同时,企业还应努力营造全员参与、共同维护安全生产的文化氛围。这不仅需要管理层的高度重视和积极推动,更需要全体员工的共同参与和努力。通过定期的安全活动、经验分享和案例分析,可以让员工更加直观地了解安全生产的重要性,从而增强他们的责任感和使命感。

(二)加强企业文化建设,营造安全氛围

企业文化不仅是企业发展的精神支柱,更是 HSE 管理体系顺利运作的关键所在。对于化工企业而言,将 HSE 管理理念深深植根于企业文化之中,形成独具特色的安全文化,是确保生产安全、

维护员工健康的重要一环。企业文化建设并非一蹴而就,而是需要长期的积累和沉淀,化工企业应注重在日常工作中渗透 HSE 理念,让员工在潜移默化中接受并认同这一理念。通过举办安全文化活动,如安全知识竞赛、安全演讲比赛等,不仅能够增强员工的安全意识,还能提升员工的安全技能。同时,设立安全奖励机制,对在安全生产中表现突出的员工进行表彰和奖励,能够进一步激发员工参与安全管理的积极性。安全文化的形成需要全员参与,需要企业上下共同努力。化工企业应营造一种人人关心安全、人人参与安全的浓厚氛围,让每一个员工都成为安全文化的传播者和实践者。这种文化氛围的营造,不仅能够提高员工的安全素质,还能增强企业的凝聚力和向心力。

(三)提升员工安全素质,增强风险防范能力

员工在化工企业安全生产中扮演着至关重要的角色,他们的安全素质直接决定了企业安全生产的成败,化工企业必须高度重视员工的安全教育培训工作。通过定期的安全技能培训,员工可以更加熟练地掌握安全操作规程,了解各类化学品的安全特性和应急处置方法,从而提高他们在日常工作中的安全操作技能。此外,应急演练也是提升员工安全素质的重要手段,通过模拟真实的事故场景,让员工在演练中学习和掌握在紧急情况下的应对措施,能够有效提升他们的应急处置能力。这种实战化的培训方式,不仅能够帮助员工更好地理解和运用安全知识,还能够在紧急情况下保持冷静,采取正确的应对措施。除了技能和演练,安全意识的培养同样重要。

（四）完善 HSE 管理制度,确保体系有效运行

制度是 HSE 管理体系的基石,对于化工企业而言,建立完善且高效的 HSE 管理制度至关重要。这样的制度不仅能够明确各级人员的安全职责和权力,更能规范安全管理的流程和要求,确保企业在日常运营中能够严格遵守安全规定,防范各类事故的发生。在制度的建立过程中,化工企业需充分考虑到自身的生产特点、危险源分布以及员工的安全需求,确保制度内容的针对性、实用性和可操作性。同时,制度还应与时俱进,随着企业的发展和外部环境的变化,不断进行调整和优化,以适应新的安全管理需求。此外,制度的执行和监督同样重要,化工企业应设立专门的监督机构,负责对 HSE 管理制度的执行情况进行定期检查和评估。对于执行不到位的情况,应及时提出整改意见并督促整改,确保制度的有效实施。同时,企业还应建立激励机制,对在 HSE 管理工作中表现突出的员工进行表彰和奖励,以激发员工参与安全管理的积极性。

第五章　无机化学在化工生产中的应用

第一节　无机化合物的合成与转化

一、无机化合物的合成方法

(一)合成原理与分类

1. 无机化合物合成的原理

无机化合物合成作为一种重要的化学过程,其核心在于化学官能团原理和化学键原理的应用。化学官能团在无机化合物合成中扮演了至关重要的角色,尤其是离子和桥配体的交互作用。阳离子与阴离子之间的结合,是形成盐类或其他离子型络合物的基础。这些离子间的相互作用,不仅决定了化合物的稳定性,也影响了其物理和化学性质。桥配体,作为一种特殊的官能团,具有连接不同离子或分子的能力,从而促进了复杂无机物的形成。桥配体的存在,使得原本难以接近或反应的离子得以接近并发生反应,进一步丰富了无机物的种类和性质。而化学键原理,则是无机化合物合成的另一大支柱,在无机化学反应中,不同的反应条件和反应试剂会导致不同类型的化学键的形成。离子键、共价键、金属键等,都是无机化合物合成中常见的化学键类型。这些键的形成,不仅决定了无机物的结构,也决定了其性质和应用。

2. 无机化合物合成的分类——按反应条件

无机化合物合成作为化学领域的重要分支,其方法多种多样,且可以根据反应条件的不同进行细致分类。这些方法各自具有独特的优势和应用领域,使得无机化合物合成得以在多个科研和工业领域发挥关键作用。高温合成,是无机化合物合成中一种常见且重要的方法,利用高温条件为无机物之间的反应提供必要的能量。在高温下,物质的原子或离子获得更高的能量,使得它们能够克服反应势垒,从而促使化学反应发生。这种方法尤其适用于那些需要较高能量才能进行的反应,如金属氧化物的合成和某些难熔化合物的制备。溶液合成则是另一种常用的无机化合物合成方法,通过将反应物溶解在溶剂中,利用溶液中的离子或分子间的相互作用,促进反应的进行。溶液合成具有反应条件温和、操作简便的优点,适用于合成一些溶解度较好的无机化合物。同时,通过调整溶剂的种类和浓度,还可以实现对反应速度和产物纯度的精确控制。气相合成则主要利用气体反应物在高温或催化剂的作用下进行反应,这种方法适用于制备高纯度、高活性的无机材料,如纳米材料和薄膜材料等。气相合成具有反应速度快、产物纯度高的特点,但操作条件相对较为苛刻。

3. 无机化合物合成的分类——按产物状态

无机化合物合成作为化学领域的一个重要分支,其产物状态的多样性为研究者提供了丰富的选择。根据产物的状态,无机化合物合成可以分为几个主要类别,每一种都具有独特的特点和应用领域。固态无机物的合成,通常涉及固相反应和熔融法等方法。

固相反应是指在固态下,通过物质之间的直接接触和相互作用,形成新的固态产物。这种方法在材料科学中尤为常见,它可以直接制备出具有特定晶体结构和物理性质的固态材料。熔融法是在高温下将物质熔化,通过冷却和结晶得到固态产物,这种方法适用于制备一些高熔点的无机物。相比之下,液态或气态无机物的合成则采用了不同的方法。溶液合成是一种在液态环境中进行的合成方法,它利用溶液中的离子或分子间的反应,形成目标产物。这种方法通常可以在较为温和的条件下进行,因此被广泛应用于实验室研究和工业生产中。

4. 无机化合物合成的分类——按技术特点

无机化合物合成作为化学领域的重要分支,其技术特点同样丰富多彩。SPS 技术,即放电等离子烧结技术,便是其中之一。这一技术巧妙地利用了电场和等离子体的作用,为无机化合物合成提供了新的途径。在 SPS 技术中,电场的作用使得物质颗粒之间产生强烈的相互作用,而等离子体则提供了高温高能量的环境,使得反应得以迅速进行。因此,SPS 技术具有加热均匀、升温速度快、烧结时间短等诸多优点,尤其适用于制备高密度、高性能的无机材料。除了 SPS 技术,无机化合物合成还有许多其他特殊技术。例如,梯度功能材料的制备技术,它可以根据实际需求,在材料内部形成连续变化的成分和性能梯度。这种梯度结构赋予了材料独特的性质和功能,使其在航空航天、电子信息等领域具有广泛的应用前景。此外,氢还原反应也是无机化合物合成中一种重要的技术,它利用氢气作为还原剂,将某些金属氧化物或其他化合物还原为金属单质或低价态化合物。

（二）常见合成方法

1. 沉淀法

沉淀法作为无机化合物合成中最为常见的手段之一,其核心在于利用溶液中的反应物相互作用,进而形成固态的沉淀产物。这一方法尤其适用于合成难溶于水的无机化合物,如金属氢氧化物、硫酸盐等,在材料制备、化工生产等领域有着广泛的应用。在沉淀法的实施过程中,反应条件的精确控制显得尤为重要。温度的高低不仅影响着反应速率,还直接关系到沉淀产物的结晶形态。pH 值的调节同样至关重要,它决定了溶液中离子的存在形式,从而影响沉淀反应的方向和速度。此外,反应时间的把握也是关键,过长或过短的时间都可能导致产物的不纯或形态不佳。除了这些反应条件,选择合适的沉淀剂和反应物的浓度也是实现高质量沉淀的关键。沉淀剂的选择需根据目标产物的性质来确定,以确保能够有效促进沉淀反应的进行。而反应物的浓度则影响着沉淀反应的速率和程度,需要通过试验来确定最佳浓度。

2. 直接合成法

直接将适当的原料进行反应以生成目标化合物,这一无机化合物合成方法凭借其高效性与直接性,在化学合成领域占有重要地位。该方法尤其适用于具有高反应活性的原料分子或在条件相对温和的反应环境下进行。在这样的条件下,原料分子能够迅速而有效地相互作用,从而得到期望的产物。以氯化钠和硫酸的反应为例,这两种物质在一定条件下能够直接反应生成硫酸钠。这种反应类型在无机化合物合成中十分常见,因为它简单、直接,且通常能够得到纯度较高的产物。

3. 氧化还原法

涉及氧化剂和还原剂之间的反应,是无机化合物合成中一类极为关键且富有挑战性的过程。此类反应的核心在于电子的转移,正是通过这一机制,不同元素得以结合,从而形成新的化合物。以二氧化锰与氢气的反应为例,这是一个典型的氧化还原反应。在这个反应中,二氧化锰扮演了氧化剂的角色,而氢气则作为还原剂。随着反应的进行,氢气中的氢原子失去电子,而二氧化锰中的锰原子则接受这些电子。这种电子的转移过程,不仅改变了参与反应原子的电荷状态,还促使新化合物的形成——水合氧化锰。值得一提的是,氧化还原反应的条件和速率受多种因素影响,例如,温度、压力、反应物的浓度以及催化剂的存在与否,都可能对反应进程产生显著影响。

4. 溶胶-凝胶法

溶胶-凝胶法是一种卓越的微米和纳米级无机材料合成方法,它以独特的优势在材料科学领域占据了重要地位。溶胶-凝胶法的基本原理在于将金属盐或硅酸盐等前体物质在溶液中转化为胶体溶胶,随后通过热处理或特定的化学反应,使溶胶逐渐凝胶化,并最终转化为固体无机材料。溶胶-凝胶法的核心在于溶胶的制备,这一步骤要求精细控制溶液中的离子浓度、pH 值以及温度等参数,以确保前体物质能够均匀、稳定地分散在溶剂中,形成均匀的胶体体系。通过调节溶胶的陈化时间、温度以及添加剂的种类和用量,可以实现对凝胶化过程的精确控制。

二、无机化合物的转化途径

(一)转化原理与分类

1. 无机化合物转化的原理

无机化合物转化的原理,其核心在于化学反应的基本原理,即化学键的断裂与形成。这是一个原子或离子重新组合的过程,旨在形成全新的化学键和无机化合物。在转化过程中,原有的反应物化学键在特定条件下断裂,随后原子或离子按照特定的规则和条件重新排列,进而形成全新的无机化合物。这一过程并非随意发生,而是受到多种因素的精确调控。反应条件,如温度、压力、浓度等,都直接影响到反应的速率和产物。在高温或高压环境下,化学键的断裂和形成更为活跃,有利于反应的进行。而反应物的性质,如稳定性、反应活性等,决定了其参与反应的能力和倾向。此外,催化剂在无机化合物转化过程中扮演了至关重要的角色。

2. 无机化合物转化的分类——按反应类型

无机化合物转化是化学领域的一个重要研究方向,其反应类型丰富多样,为化学合成提供了多种可能。根据反应类型的不同,无机化合物转化可以分为置换反应、化合反应、分解反应和复分解反应等几种主要类型。置换反应,作为一种重要的无机化合物转化方式,指的是一种单质与一种化合物之间发生的反应,其结果是生成了另一种单质和另一种化合物。这种反应类型在金属冶炼、电镀等领域有着广泛的应用,通过置换反应,可以实现金属元素的提取和纯化。化合反应,是两种或两种以上的物质在特定条件下结合,生成一种新物质的过程。这种反应类型在无机化合物的合成中尤为常见,通过精确控制反应条件和原料配比,可以合成出具有特定性质和功能的无机化合物。分解反应是指由一种反应物生成两种或两种以上其他物质的反应。它是化合反应的逆反应。反应物只有一种,生成物有两种或两种以上,即"一变多"。通过分解反应,可以实现无机化合物的有效分离和提纯。这种反应类型在无机化合物的分解和提纯中发挥着重要作用,通过分解反应,可以实现无机化合物的有效分离和提纯。复分解反应指两种化合物相互交换成分,生成另外两种化合物的反应。复分解反应的实质是发生反应的两种化合物在水溶液中交换离子,结合成难电离的沉淀、气体或弱电解质(如水),使反应体系中离子浓度降低,化学反应向着离子浓度降低的方向进行。这种反应类型在无机化合物的转化和制备中具有重要的应用价值,通过复分解反应,可以实现无机化合物之间的有效转化和合成。

3. 无机化合物转化的分类——按转化方向

无机化合物转化作为化学领域的一个重要分支,其转化方向的多样性为研究者提供了丰富的选择。根据转化方向的不同,这些过程可以被划分为多个类别,每一类都展现了独特的化学特性和应用前景。正向转化,是指反应物在特定条件下直接生成目标产物的过程。这种转化方向常见于合成新的无机化合物,如通过溶液中的离子反应制备出沉淀物,或是利用气相反应合成高纯度的化合物。正向转化通常涉及化学键的形成和原子或离子的重新排列,其效率和产物纯度往往受到反应条件、催化剂等多种因素的影响。逆向转化则是指目标产物在特定条件下分解或转化为其他化合物的过程。这种转化方向在材料回收、资源再利用等方面具有重要意义。例如,一些复杂的无机化合物可以通过热解或化学分解的方式,转化为更简单的物质,从而实现资源的有效回收。

4. 无机化合物转化的分类——按应用领域

无机化合物转化不仅涉及反应类型的多样性,更在多个应用领域展现出其广泛的价值。根据转化产物的应用领域,无机化合物转化可以被细致地划分为多个类别,这些类别涵盖了材料科学、能源等诸多领域。在材料科学领域,无机化合物转化扮演着至关重要的角色。通过精确控制反应条件和反应物种类,合成出具有特定性能的无机材料,如纳米材料、陶瓷材料、光电材料等,这些材料在电子、信息、航空航天等领域具有广泛的应用前景,推动了材料科学的快速发展。能源领域同样受益于无机化合物转化的研究成果,无机化合物在能源转换和储存方面展现出独特的优势,如太阳能电池、燃料电池、储能电池等。通过优化无机化合物的结构和性能,提高能源转换效率和储存密度,为可持续发展提供有力的技术支持。

(二)常见转化途径

1. 熔融法

熔融法作为无机化合物转化的一种重要手段,其原理在于通过高温使反应物达到熔融状态,进而促使其中的原子或离子发生化学反应,最终生成目标产物。这一方法特别适用于那些不溶于常见溶剂或反应性较差的物质,为无机合成领域开辟了新的途径。在熔融法的应用过程中,高温环境起到了至关重要的作用。它不仅能够使反应物克服分子间的相互作用力,达到熔融状态,还能为化学反应提供足够的能量,促进化学键的断裂与形成。这使得熔融法成为一种高效、直接的无机化合物转化方法。金属的合成是熔融法的一个重要应用领域。以铜为例,通过熔融硫酸和铜粉,可以在高温条件下使二者发生反应,生成硫酸铜。在这一过程中,熔融状态使得反应物之间的接触更为充分,从而提高了反应效率。同时,熔融法还可以用于制备其他金属化合物,为金属材料的研究和应用提供有力支持。

2. 溶液法

溶液法作为一种有效的无机合成手段,通过将反应物溶解在特定的溶剂中,借助溶剂的作用和对反应条件的调控,促使反应物之间发生化学反应。这种方法尤其适用于那些具有较高溶解度的物质,因为它们在溶剂中能够充分分散,增大反应物之间的接触面积,从而提高反应速率。在溶液法中,溶剂的选择至关重要,不同的溶剂具有不同的物理和化学性质,它们对反应物的溶解能力、反应速度和产物纯度都有显著影响。因此,调整溶剂的种类和浓度,可以有效地控制反应的进程和产物的性质。以氯气通入饱和食盐水溶液中的反应为例,这个反应充分利用了溶液法的优势。当氯气通入饱和食盐水中时,氯气与溶液中的水分子发生反应,生成次氯酸和盐酸。由于食盐的存在,溶液中的氯离子浓度较高,这有助于平衡反应,使反应能够持续进行。同时,控制氯气的通入速度和溶液的温度,可以实现对反应速度的精确调控。

3. 气相法

气相法作为一种在气相中进行的合成方法,其独特的反应环境使得它在无机合成领域占据了重要的地位。该方法的核心在于将反应物气体直接置于气相中进行反应,这通常需要在高温和催化剂的共同作用下进行。这样的反应条件使得气相法特别适用于一些在高温下反应活性较高的物质。氨的合成是气相法应用的一个例子,在高温和催化剂的作用下,氮气和氢气能够直接反应生成氨气。此外,氧化反应也是气相法的常见应用领域。在高温条件下,许多物质都能够与氧气发生氧化反应,生成相应的氧化物。例如,硅粉与氧气在高温下反应,可以生成二氧化硅。在这一过程中,反应物之间的接触面积大,反应速率快,因此能够得到高质量的产物。

4. 氧化还原反应

氧化还原反应,作为无机化合物转化的一种核心途径,其本质在于电子的转移,这导致化合物中元素的氧化态发生显著变化。这种电子的得失或共享状态的改变,使得无机化合物能够实现形态和性质的转变,从而合成出新的无机化合物,或者实现从一种无机化合物到另一种无机化合物的转化。氧化还原反应在无机化学中无处不在,它不仅是无机合成的重要手段,还是许多工业过程中不可或缺的一环。例如,在金属冶炼领域,氧化还原反应发挥着至关重要的作用。控制反应条件,如温度、压力以及反应物的浓度,可以使得金属从其氧化物中被还原出来,实现金属的提纯和分离。氧化还原反应的过程往往伴随着能量的变化和物质的形态转化。在反应中,氧化剂接受电子,发生还原反应;而还原剂则失去电子,发生氧化反应。这种电子的得失使得元素的化合价发生变化,从而生成新的化合物。

5. 水解反应

水解反应作为无机化合物转化的一种重要方式,尤其在处理含有金属碳化物的化合物时,展现出了其独特的价值。这种反应过程不仅丰富了无机化学的合成手段,还为有机合成领域提供了丰富的原料来源。以碳化钙为例,其水解反应是一个典型的过程。

在适当的条件下,碳化钙与水发生反应,生成乙炔。乙炔作为一种重要的有机原料,被广泛应用于合成各种有机化合物,如聚合物、橡胶和塑料等。这种通过水解反应得到的乙炔,具有纯度高、反应活性强的特点,为后续的有机合成提供了有力支持。碳化镁的水解反应同样引人关注。在相似的条件下,碳化镁与水反应生成丙炔,丙炔作为一种不饱和烃,在有机合成中同样具有广泛的应用。通过调控反应条件和优化反应过程,实现对丙炔产率和纯度的有效控制,为后续的化学反应提供可靠的原料。此外,碳化铝的水解反应也是一个值得探讨的话题。在这一反应中,碳化铝与水反应生成甲烷,甲烷作为一种清洁的能源物质,具有广泛的应用前景。

三、无机化合物合成与转化中的关键问题与挑战

(一)反应条件的选择与优化

无机化合物合成与转化过程中,反应条件的选择与优化是关键问题之一,不同的无机化合物合成与转化反应需要特定的温度、压力、反应时间以及溶剂等条件。若反应条件选择不当,可能会导致反应效率低下、产物不纯或反应无法进行。因此,如何根据具体的合成与转化需求,选择合适的反应条件,并进行优化,以提高反应速率和产物质量,是一个需要解决的关键问题。

(二)反应机理的理解与探索

无机化合物合成与转化的反应机理是另一个关键问题。了解反应机理有助于我们预测和控制反应过程,从而提高合成与转化的效率和产物质量。然而,无机化合物的反应机理往往复杂多样,涉及离子反应、配位反应、氧化还原反应等多种类型。因此,如何

深入理解和探索无机化合物的反应机理,揭示其内在规律,是合成与转化领域的重要挑战。

(三)催化剂的设计与应用

催化剂在无机化合物合成与转化中起着至关重要的作用。催化剂能够降低反应活化能,提高反应速率,甚至改变反应路径。然而,催化剂的设计和应用也是一个关键问题,如何针对特定的合成与转化反应,设计合适的催化剂,并优化其催化性能,是一个具有挑战性的任务。此外,催化剂的稳定性和可回收性也是实际应用中需要考虑的重要问题。

(四)环境友好与可持续性

在无机化合物合成与转化过程中,环境友好与可持续性也是关键问题之一。传统的合成与转化方法往往伴随着高能耗、高排放等环境问题,不符合可持续发展的要求。因此,如何开发环境友好的合成与转化方法,降低能耗和排放,提高资源利用效率,是当前面临的挑战之一。同时,还需要考虑产物的回收和再利用,以实现无机化合物合成与转化的循环经济。

第二节　无机化合物在化工生产中的应用实例

一、无机化合物在化工生产中的应用领域

(一)农业与肥料生产

无机化合物在农业领域的应用,无疑为肥料生产注入了强大

的动力。氮肥、磷肥和钾肥等无机化合物,作为农业生产不可或缺的肥料,对于提高农作物的产量和质量具有显著的影响。氮肥作为植物生长的"绿色引擎",为农作物提供了大量的氮元素,这是植物合成蛋白质、叶绿素等关键物质所必需的。氮肥的施用,使得农作物叶片更加翠绿,光合作用更为高效,进而促进了农作物的健康生长和产量的提升。磷肥是植物生长的"坚强后盾"。磷元素对于植物根系的发育、果实的成熟以及抗逆性的提高具有至关重要的作用。磷肥的施用,使得农作物根系发达,吸收能力增强,能够更好地抵御病虫害的侵袭,提高农作物的品质和产量。钾肥是植物生长的"稳定剂"。钾元素有助于增强植物的抗逆性,提高农作物的抗寒、抗旱能力。同时,钾肥还能促进农作物的光合作用和糖分的积累,使得果实更加饱满、口感更佳。

(二)电子与光学材料制造

无机化合物在电子与光学材料制造领域的重要性不言而喻,它们以独特的物理和化学性质,为这些高科技行业提供了关键性的支持。金属氧化物、氧化铜、氧化锌等无机化工产品,在电视屏幕、LED 灯等电子设备的制造中发挥着至关重要的作用。这些无机化合物以其高稳定性、高导电性和优异的光学性能,成为制造高清晰度、高亮度显示屏幕的关键材料。同时,它们也在 LED 灯的制造中扮演着重要角色,提高了灯具的发光效率和稳定性,为现代照明技术带来了革命性的变化。此外,氧化铝、硅酸盐、硅氧烷等无机化合物在光学器件、玻璃制品、透镜等的制造中也占据着举足轻重的地位。这些无机化合物具有优异的光学性能和机械性能,使得它们成为制造高质量光学器件的理想材料。通过精确控制这些化合物的合成和加工过程,可以制造出具有特定光学性质和机械强度的光学器件,为现代光学技术的发展提供了强大的支持。

(三)医药与健康领域

无机化合物在医药和健康领域的应用广泛而深远,其在多个方面都为人们的健康提供了有力保障。卤素、铁等元素,以其独特的化学性质,在医药领域发挥着重要作用。卤素化合物常被用作消毒剂,其强大的杀菌能力能够有效预防和控制疾病的传播;而铁元素则是血红蛋白的重要组成部分,对于维持人体正常的血液循环和氧气输送至关重要。此外,碳酸钙、磷酸钙、氧化锌等无机化合物也在医药领域有着广泛的应用。碳酸钙是常见的抗酸剂,能够中和胃酸,缓解胃部不适;磷酸钙常用于骨骼疾病的治疗,有助于骨骼的修复和强化;氧化锌具有收敛和抗菌作用,常被用于皮肤炎症的治疗。除了作为药物成分和营养补充剂,无机化合物还广泛应用于医疗设备的制造。例如,某些无机材料因其优良的导电性、稳定性和生物相容性,被用于制造心脏起搏器、人工关节等医疗器械,为人们的健康提供了重要的支持。

二、无机化合物在农药生产中的应用实例

(一)无机杀虫剂的应用

无机化合物在农药生产中扮演着举足轻重的角色,特别是在杀虫剂的制作上。硫酸铜,作为其中一种常见的无机杀虫剂,以其独特的杀虫效果在农业生产中广受欢迎。这种化合物对多种害虫展现出强大的杀灭能力,无论是蚜虫还是螨虫,都难以逃脱其杀伤范围。硫酸铜的杀虫机制在于其能够破坏害虫的生理机能,导致害虫死亡。当硫酸铜溶液喷洒在作物上,它能够通过作物的叶片和表

皮渗透到害虫体内,破坏害虫的消化系统、神经系统等关键部位,从而达到杀灭害虫的目的。除了杀虫效果,硫酸铜还具有广谱性,能够应对多种害虫的侵害。这使得农民在面对不同害虫时,无须频繁更换农药,降低了农业生产成本。此外,硫酸铜作为无机化合物,其化学性质相对稳定,不易分解,能够在长时间内保持杀虫效果。

(二)无机杀菌剂的应用

无机化合物在农药生产中扮演着重要的角色,尤其在杀菌剂方面,其应用广泛而有效。以波尔多液为例,这款经典的杀菌剂,是由硫酸铜、生石灰和水经过精确比例混合而成。它的制备过程虽然简单,但蕴含了深厚的化学智慧。波尔多液因其广谱的杀菌作用而备受青睐。无论是霜霉病还是炭疽病,这些在植物中常见的病害,波尔多液都能展现出显著的防治效果。当波尔多液喷洒在植物叶片上时,其中的铜离子能迅速与病原菌细胞内的蛋白质结合,破坏其正常代谢,从而达到抑制病原菌生长繁殖的目的。此外,波尔多液还具有较长的持效期,在喷洒后的一段时间内,它能在植物表面形成一层保护膜,持续释放铜离子,对新生病原菌起到预防和杀灭作用。这种持久性使得波尔多液成为许多农民的首选杀菌剂。

(三)无机除草剂的应用

无机化合物在农药生产中展现出了多面的应用,其中作为除草剂的角色尤为显著。高锰酸钾,这一具有强氧化性的无机化合物,便是在除草剂领域发挥着重要作用的一员。高锰酸钾能够迅速分解植物体内的叶绿素和其他有机物,这一特性使得它在接触到植物叶片后,能够迅速使叶片枯黄并停止生长。这种作用机制不仅迅速,而且效果显著,让高锰酸钾成为除草剂领域的佼佼者。在田间应用中,高锰酸钾作为除草剂展现出了其独特的优势。它能够有效地清除田间的杂草,为农作物提供更好的生长环境。这种环境优化不仅有助于农作物的健康生长,还能提高农作物的产量和品质。高锰酸钾在使用时需要遵循一定的规范,正确的使用方法和剂量能够确保其除草效果的最大化,同时也能避免对环境和农作物造成不必要的伤害。

三、无机化合物在玻璃和陶瓷生产中的应用实例

(一)无机化合物在玻璃生产中的应用

玻璃生产中,无机化合物扮演着至关重要的角色。首先,玻璃的主要原料如石英砂、碳酸钠和石灰石等,都是无机化合物。这些原料经过分类、洗涤、烘干等处理后,作为玻璃的原材料投入生产。石英砂富含二氧化硅,是玻璃的主要原料之一,为玻璃提供了所需的硬度和耐磨性能。碳酸钠和石灰石则作为助熔剂,能够降低玻璃的熔点,促进玻璃的熔融过程。此外,氯化钠也是玻璃制造中常用的无机化合物原料它可以用作玻璃成分中的氧化钠助熔剂,进一步降低玻璃的熔点,促进玻璃的熔融。同时,氯化钠还可以作为氯源,提高玻璃的抗紫外线和耐热性能,改善玻璃的光学性能。这些无机化合物的精确配比和加工过程,确保了玻璃的质量和性能,使得玻璃在建筑、汽车、电子等领域有着广泛的应用。

(二)无机化合物在陶瓷生产中的基础应用

陶瓷制品的主要原料之一,铝硅酸盐,就是一种无机化合物。它能够被用来制造各种类型的陶瓷产品,包括建筑材料、日用陶瓷

和艺术陶瓷等。铝硅酸盐的高机械强度和高温稳定性使其成为制造陶瓷的理想原料。在制造过程中,铝硅酸盐经过精细的研磨、混合和成型,再通过高温烧制,最终得到具有坚硬、耐磨、耐高温等特性的陶瓷产品。此外,氧化铝陶瓷也常用于催化剂的制备,可以提高催化剂的活性和选择性,其高表面积和良好的化学稳定性使其成为催化剂的理想载体。

(三)无机化合物在陶瓷生产中的高级应用

除了基础应用外,无机化合物在陶瓷的高级应用中也有着出色的表现。例如,陶瓷纤维作为一种无机化合物,可以用于制作高温隔热材料,如隔热板和隔热纸等,其优良的隔热性能在航天、冶金等领域具有广泛的应用。此外,陶瓷粉体还可以用于制备陶瓷涂层,通过特定的工艺将陶瓷粉体涂覆在材料表面,提高材料的耐磨性和耐腐蚀性,延长材料的使用寿命。另外,陶瓷膜在分离技术和过滤技术中也发挥着重要作用。例如,超滤膜和微滤膜等陶瓷膜材料,能够高效地进行液体分离和过滤,广泛应用于水处理、生物医药等领域。

四、无机化合物在水泥生产中的应用实例

(一)硫酸亚铁的应用

硫酸亚铁,作为一种重要的无机化合物,在水泥生产中发挥着不可或缺的作用,它以其独特的化学性质,成为促进水泥硬化过程的关键物质。在水泥的生产过程中,硫酸亚铁被巧妙地添加到其中。当硫酸亚铁与水泥混合后,它迅速与水泥中的成分发生化学反应,从而推动了水泥的硬化进程。这一过程的加速,不仅提高了

水泥的生产效率,还使得水泥在更短的时间内达到预期的硬度。除了加速硬化过程,硫酸亚铁还能对水泥的物理性能进行优化。它有助于减少水泥的结晶化程度,使水泥的结构更加均匀、细密。这种优化后的水泥,在抗压强度、耐磨性等方面表现出更加优越的性能,从而提高了水泥制品的质量和耐久性。

(二)硅酸钙的作用

硅酸钙,这一无机化合物在水泥生产中占据着举足轻重的地位。作为水泥的核心成分,它在水泥的硬化过程中发挥着至关重要的作用,可以说是水泥的"筋骨"。硅酸钙的神奇之处在于它与水之间的化学反应,当硅酸钙与水相遇,便会发生一系列复杂的化学反应,生成水化硅酸钙凝胶。这种凝胶的形成,是水泥硬化的基石,为水泥的固化提供了必要的条件,不仅增强了水泥的强度,还提高了其耐久性。这种凝胶的存在,使得水泥在固化后能够抵抗外界的各种压力与侵蚀,保持长久的稳定性和可靠性。正是因为硅酸钙的这些特性,使得水泥在建筑领域有着广泛的应用,无论是高楼大厦的建造,还是道路桥梁的施工,都离不开水泥的支撑。而硅酸钙,作为水泥的主要成分之一,为这些建筑提供了坚实的基础。

(三)氧化铝的影响

氧化铝,作为一种重要的无机化合物,在水泥生产中扮演着不可或缺的角色。它是水泥熟料的关键成分之一,对于水泥的化学反应和性能提升具有至关重要的作用。在水泥的制造过程中,氧化铝与其他成分共同发生复杂的化学反应,这些反应促使生成具有稳定晶体结构的化合物,这些化合物是水泥硬化过程的基础。

氧化铝的加入有助于优化水泥的晶体结构,使其更加稳定,从而提高水泥的机械性能和耐久性。无论是抗压强度还是耐磨性,氧化铝的存在都使得水泥制品在长期使用中能够保持出色的性能。此外,氧化铝还能精准地调节水泥的凝结时间和硬化速度,凝结时间决定了水泥从液态到固态的转变速度,而硬化速度则影响着水泥的强度发展。通过调整氧化铝的含量,可以实现对水泥性能的精细控制,使其能够满足不同工程的需求。例如,在需要快速硬化的场合,可以适量增加氧化铝的比例,以加快水泥的硬化速度;而在需要较长凝结时间的场合,则可以减少氧化铝的含量,以延长水泥的凝结时间。

五、无机化合物在染料和颜料生产中的应用实例

(一)无机化合物在染料生产中的应用

无机化合物在染料生产中发挥着举足轻重的作用,其中氢氧化钙尤为关键。作为一种碱性物质,氢氧化钙在染料生产过程中扮演着中和酸性物质的重要角色。当氢氧化钙与酸性物质相遇,它们会发生中和反应,并伴随热量的释放。这一反应不仅有助于去除染料中的无机盐类、淀粉等杂质,提升染料的纯净度,还能确保染料的质量更加稳定可靠。除了中和作用,氢氧化钙还能调节染料的颜色。在染料制作过程中,有时会出现发色不鲜艳、褪色迅速以及颜色不均匀等问题。这时,氢氧化钙便能派上用场,它能够有效解决这些问题,使染色效果更加均匀、鲜艳。无论是纺织品的染色还是其他领域的颜料制作,氢氧化钙都能为产品带来更加出色的色彩表现。此外,氢氧化钙还在染料生产后的废水处理中发挥着重要作用,通过将废水中的颜色元素沉淀下来,氢氧化钙能够

降低废水中的有机物质浓度,使废水处理更为高效环保。这不仅有助于保护环境,降低对水资源的污染,还能为企业节省废水处理的成本。

(二)无机化合物在颜料制造中的应用

无机化合物在颜料制造领域中具有不可或缺的地位,其中氧化铬绿便是这一领域的璀璨明星。氧化铬绿以其深绿色晶体粉末的形态,展现出独特的魅力。它拥有出色的化学稳定性和耐高温性,使得它成为制作绿色陶瓷颜料中的关键原料。氧化铬绿的绿色并非偶然,而是源于其独特的物理性质,它能够吸收可见光中的红色部分,而反射出绿色光,从而呈现出鲜明的绿色调。这一特性使得氧化铬绿在高温烧制过程中颜色保持稳定,不易褪色,确保了颜料的长久鲜艳。此外,氧化铬绿还具有极强的可调色性,它可以与其他金属氧化物进行混合,调制出各种丰富多彩的颜料。例如,当氧化铬绿与钴氧化物混合时,便能得到蓝绿色的颜料;而与铁氧化物混合,则能呈现出棕色的效果。这种调色性使得氧化铬绿在颜料制造中具有广泛的应用前景,为艺术家和设计师提供了无尽的创作空间。

(三)无机化合物在染料和颜料性能改善中的应用

无机化合物在染料和颜料的制造过程中,除了直接参与制作,还扮演着改善其性能的重要角色。元明粉,即无水硫酸钠或其水合物,在染料应用中具有显著的促染效果,尤其在棉织物的染色过程中,表现尤为突出。作为直接染料、硫化染料、还原染料及印地素染料的促染剂,元明粉发挥着减小染料在水中溶解度的作用。这一特性使得染料在染色过程中更易附着于纤维上,从而增加了染料的上色力。这意味着在相同的染色效果下,染料的用量可以减少,同时色泽也能得到加深,既经济又高效。此外,元明粉还具备缓染的特性,在直接染料染丝的过程中发挥着关键作用。通过减缓染料与纤维的反应速度,元明粉使得染色效果更加均匀,避免了因染料分布不均而导致的色差问题。同时,这种缓染作用还有助于提高染色的牢度,使颜色更加持久,不易褪色。

六、无机化合物在催化剂制备中的应用实例

(一)氧化物催化剂的制备

氧化物催化剂,作为催化反应中的常用类型,其制备过程离不开无机化合物的关键作用。特别是在溶胶-凝胶法的制备过程中,无机化合物如金属盐,发挥着举足轻重的起始原料作用。这一制备过程涉及多个精细步骤,从溶解到沉淀,再到过滤、洗涤、干燥和焙烧,每一步都至关重要。这些步骤确保了催化剂的分散性、结构性和催化效率达到最优状态。通过这种方式制备出的氧化物催化剂,不仅分散性好,结构优越,而且催化效率极高,为后续的催化反应提供了坚实的基础。这种催化剂的广泛应用领域更是彰显了其重要性,在有机合成领域里,它能够促进反应的进行,提高合成效率,为化学工业的发展注入新的活力。而在汽车尾气净化方面,氧化物催化剂能够有效地转化尾气中的有害物质,减少空气污染,为环保事业做出重要贡献。

(二)硫化物催化剂的制备

硫化物催化剂在催化反应领域展现出了卓越的性能,其制备过程中无机化合物扮演着不可或缺的角色。在制备硫化物催化剂

时,无机化合物通过精心设计的化学反应,逐步转化为硫化物,进而与其他关键组分结合,形成高效的催化剂。这些硫化物催化剂以其高选择性和催化活性而著称,特别在加氢脱硫、加氢脱氮等特定化学反应中表现出色。在加氢脱硫过程中,硫化物催化剂能够高效地促进硫元素的去除,降低油品中的硫含量,从而满足环保要求。而在加氢脱氮反应中,硫化物催化剂同样发挥着关键作用,有效减少氮化合物含量,提高产品质量。此外,硫化物催化剂的稳定性和耐用性也是其备受青睐的原因之一。在长时间、高负荷的催化反应中,硫化物催化剂能够保持稳定的催化性能,确保反应的高效进行。

(三)复合催化剂的制备

复合催化剂,作为一种高效且多功能的催化材料,其组成丰富多样,常涵盖氧化物、硫化物以及其他无机化合物。这些组分通过精细的制备工艺紧密结合,共同构建出具有独特催化性能的复合体系。在复合催化剂的制备过程中,无机化合物的作用不可忽视,它们不仅可以作为催化活性组分,直接参与催化反应,提升反应效率;还可以作为载体或助剂,优化催化剂的物理和化学性质。例如,某些无机化合物能够增强催化剂的分散性,防止活性组分的团聚,从而提高催化剂的利用率。同时,它们还可以提升催化剂的稳定性,延长催化剂的使用寿命。复合催化剂在工业领域的应用广泛而深远,在石油化工领域,复合催化剂能够高效转化石油原料,提高产品质量和产量;在精细化工领域,它们则能够精确调控反应过程,合成出具有特定结构和性能的高附加值化学品。

第三节 无机化合物的分析与检测技术

一、无机化合物的分析技术

(一)定性分析技术

定性分析在化学领域中占据着举足轻重的地位,其主要目标是通过深入观察和解析样品的化学与物理特性,从而揭示其内在的成分、结构以及性质。这种方法不仅有助于科研工作者更好地理解物质的本质,更为实际应用提供了有力的理论支撑。在定性分析的过程中,颜色反应、沉淀反应和气体酯化反应等方法常被用于初步判断物质的性质。颜色反应是基于物质与特定试剂作用后产生特定颜色的现象,通过颜色变化来推断物质中可能存在的成分;沉淀反应是通过观察物质在反应中是否生成沉淀及其性质,来推断物质中可能存在的离子或化合物;气体酯化反应是通过观察物质在反应中是否释放特定气体,来推断其化学性质。除了传统的化学方法,电化学法和光谱学方法也为定性分析提供了有力工具。电化学法利用物质的电化学性质进行定性分析,通过测量电位、电流等参数,可以推断出物质的氧化还原性质及其可能存在的元素或化合物。而光谱学方法则通过测量物质与光的相互作用,获取其光谱信息,进而推断出物质的成分和结构。

(二)定量分析技术

定量分析是化学分析中不可或缺的一环,它旨在精确测定样品中某种或某些组成的含量,为科学研究、工业生产以及质量控制提供重要依据。在无机化合物的检测中,定量分析方法多种多样,每种方法都有其独特的应用场景和优势。滴定法作为定量分析中的一种经典方法,具有操作简便、结果准确的特点。它通过逐滴加入标准化学分析试剂,观察待测物质发生明显变化时的滴定终点,从而计算出待测物质的含量。根据滴定原理和试剂的不同,滴定法可分为酸碱滴定法、氧化还原滴定法、复合滴定法以及配位滴定法等。这些方法在无机化合物的定量分析中发挥着重要作用,能够准确测定各种离子的浓度和含量。重量法是另一种常用的定量分析方法,它基于物质质量变化与组成含量之间的关系,通过称量物质在特定条件下的质量变化来确定其含量。这种方法通常包括称量、脱水、灼烧等步骤,适用于那些能够通过物理手段改变质量从而测定含量的无机化合物。

(三)色谱分析技术

色谱法,作为一种高效的物质分离与鉴定技术,其核心在于利用物质在固定相和流动相之间的相互作用和分配来实现组分的分离。这种方法在化学、生物、环境等多个领域得到了广泛应用,尤其在处理复杂样品时展现出其独特的优势。气相色谱法,是色谱法中的一种重要类型,特别适用于挥发性有机物的分析。它通过使样品中的组分在气态下与固定相发生相互作用,从而实现组分的分离。这种方法具有灵敏度高、分离效果好等特点,广泛应用于石油、化工、环保等领域。液相色谱法则是针对非挥发性或高沸点物质的一种有效分析手段,它通过液态流动相与固定相之间的相互作用,实现对样品的分离。与气相色谱法相比,液相色谱法具有更高的分离效能和更广泛的应用范围,尤其在生物大分子、药物分析等领域发挥着重要作用。此外,层析法也是色谱法家族中的一员。它利用物质在固定相上的吸附或溶解性质差异,通过流动相的洗脱作用实现组分的分离。层析法具有操作简便、成本较低等优点,在生物化学、制药工业等领域有着广泛的应用。

(四)结构分析技术

无机化合物的结构分析,作为化学研究的核心内容之一,对于理解化合物的性质、功能以及其在化学反应中的角色至关重要。结构分析技术能够提供化合物分子结构和原子排列的详细信息,为深入探索无机化合物的奥秘提供有力工具。核磁共振法,作为一种重要的结构分析技术,通过测量原子核在磁场中的行为来揭示分子的结构信息。这种方法对于确定分子的化学键、空间构型以及原子间的相对位置具有独特优势,尤其在研究复杂无机化合物时发挥着不可替代的作用。质谱法则是利用质谱仪将化合物分子电离成带电粒子,通过分析这些粒子的质荷比来确定化合物的组成和结构。这种方法具有高灵敏度、高分辨率的特点,能够准确识别无机化合物中的元素组成和分子结构。X射线衍射法则是通过测量晶体对X射线的衍射图案来揭示晶体的内部结构。

(五)现代分析技术的应用

现代分析化学技术,作为科学研究和技术进步的重要支撑,在无机化合物分析中发挥着日益关键的作用。这些技术的应用范围广泛,不仅在食品工业中展现出巨大潜力,还在医药和生命科学领域取得了显著成果。在食品工业中,现代分析化学技术成为保障食品安全的关键工具。通过对食品中污染物的精确检测和监测,可以确保食品的质量安全,保护消费者的健康。这些技术能够快速、准确地识别出食品中的有害物质,为食品安全监管提供了有力支持。在医药和生命科学领域,现代分析化学技术同样发挥着不可或缺的作用,通过对药品和生物分子的深入研究和分析,科学家们能够更好地理解它们的结构和功能,为新药研发和疾病治疗提供了重要依据。这些技术的应用不仅加速了药物研发的进程,还提高了药物疗效和安全性评估的准确性。

二、无机化合物的检测方法

(一)元素分析

元素分析在无机化合物检测中占据举足轻重的地位,它不仅是深入了解化合物构成的基础,更是后续研究和应用的关键。在这一过程中,光谱分析技术发挥着至关重要的作用,以其独特的方式揭示样品中元素的种类和含量。电化学法作为元素分析的一种常用手段,通过测量电压或电流的变化来揭示元素的特性。这种方法灵敏度高,且操作简单,可以快速识别出样品中的元素种类。无论是定性分析还是定量分析,电化学法都能提供准确可靠的结果,为后续的研究提供坚实的数据支撑。而光谱学方法则是另一种强大的元素分析技术,它基于物质与电磁辐射之间的相互作用,通过观察吸收、透射、散射和荧光等现象来揭示元素的种类和化学结构。这种方法具有高度的选择性和灵敏度,能够精确测定样品中微量元素的含量。同时,光谱学方法还可以提供关于元素化学状态的信息,有助于我们更深入地了解化合物的性质和行为。

(二)结构检测

无机化合物的结构检测是化学领域中至关重要的环节,它有助于科学家们深入理解物质的微观世界,从而揭示其性质与功能之间的内在联系。在无机化合物的结构检测中,晶体结构和分子结构的分析是两种主要手段。X 射线晶体学作为常用的结构检测方法,在揭示晶体微观结构方面发挥着关键作用。通过 X 射线的衍射现象,科学家们可以观察到晶体内部的原子排列规律,进而确定晶体的对称性和空间群。这些信息不仅有助于理解晶体的形态和物理性质,还能揭示化学键的性质和强度,为材料的性能优化和新型材料的开发提供重要依据。除了 X 射线晶体学,核磁共振和红外光谱等分子结构分析方法也在无机化合物结构检测中发挥着重要作用。核磁共振技术通过测量原子核在磁场中的行为,可以揭示分子中原子间的连接方式和空间构型,从而确定分子的立体结构。

(三)性质检测

无机物的性质检测,作为化学研究的关键环节,旨在揭示物质在化学反应、物理性质以及力学性质等方面的表现。通过一系列物理和化学方法的运用,可以全面而深入地了解无机物的特性。在化学分析方面,滴定法和重量法等方法的应用尤为广泛。滴定法通过精确控制反应物的加入量,观察化学反应的变化,从而判断无机物的化学反应性和稳定性。这种方法在无机物的定量分析中发挥着重要作用,为研究者提供了关于物质反应特性的重要信息。重量法是通过测量物质在反应前后的质量变化,推断出无机物的组成和反应程度,为理解其化学性质提供了有力支持。除了化学分析方法,物理分析方法在无机物性质检测中也占据重要地位。电学性质的测定,如导电性、电阻率等,能够揭示无机物在电场作用下的行为,有助于理解其电子结构和导电机制。光学性质的测量,如折射率、吸收光谱等,能够反映无机物对光的响应,为材料的光学应用提供重要依据。

(四)化合物分析

化合物分析是化学研究中的重要环节,旨在揭示无机化合物中特定成分的性质和含量。这一过程涵盖了定性和定量分析两个关键方面,它们共同构成了对化合物深入理解的基石。在定性分析中,化学法和光谱法等方法扮演着核心角色。化学法利用物质间的化学反应来推测其成分,通过观察实验现象,如颜色变化、沉淀生成等,可以初步判断化合物中可能存在的元素或官能团。光谱法通过测量物质与光的相互作用来揭示其内部结构。例如,利用原子光谱或分子光谱的特征谱线,可以精确确定化合物中的元素种类和官能团结构。定量分析侧重于确定化合物中特定组分的含量,滴定法是其中一种常用的方法,它基于化学反应的计量关系,通过精确控制反应物的用量,可以计算出待测物质的含量。重量法是通过测量物质在化学反应前后的质量变化来确定其组成,这种方法具有操作简便、结果准确的优点。

(五)催化剂分析

作为催化剂使用的无机化合物,其性能评估是确保其在实际应用中发挥最佳作用的关键环节。催化剂的活性、选择性和稳定性是评估其性能的重要指标,这些特性直接决定了催化剂在化学反应中的效率和持久性。活性测试是评估催化剂性能的基础,通过模拟实际反应条件,观察催化剂对反应速率的提升效果。这种方法能够直观地反映出催化剂在促进化学反应进行方面的能力,为后续的催化剂筛选和优化提供重要依据。选择性测试则关注催化剂在反应过程中对特定产物的生成能力。一个优秀的催化剂不仅能加速反应进程,还能高效地生成目标产物,减少副产物的生成。通过选择性测试,我们可以评估催化剂对特定产物的生成效率,从而优化反应条件,提高产物纯度。

三、分析与检测无机化合物的仪器设备

(一)光谱分析仪器

光谱分析仪器在无机化合物分析中占据着举足轻重的地位,它们通过揭示物质与光之间的微妙互动,为化学家们提供了深入探索无机世界的有力工具。原子吸收光谱仪,作为光谱分析领域的一颗璀璨明珠,其工作原理基于特定波长光与样品中原子间的相互作用。当特定波长的光通过含有金属元素的样品时,原子会吸收相应波长的光,其吸收程度与元素含量成正比。因此,通过精确测量光的吸收程度,科学家们能够准确确定样品中金属元素的含量,为材料科学、环境监测等领域提供关键数据。红外光谱仪是研究物质分子结构和化学键特性的另一重要工具。红外光与物质分子中的化学键振动频率相匹配时,会发生吸收现象。通过测量不同波长红外光的吸收情况,红外光谱仪能够揭示出分子中化学键的类型和强度,进而推断出分子的结构特征。这对于理解无机化合物的性质和功能至关重要。

(二)色谱分析仪器

色谱分析仪器在无机化合物分析领域具有举足轻重的地位,其独特的分离和检测机制使得研究人员能够深入了解物质的性质与结构。这些仪器基于物质在固定相和流动相之间的相互作用,实现了对复杂样品的精细分析。气相色谱法,作为色谱分析的一

种重要手段,特别适用于挥发性无机化合物的分析。通过控制样品在气相和固定相之间的分配系数,气相色谱法能够将不同组分逐一分离,并通过检测器进行定性或定量分析。这种方法具有高灵敏度、高分辨率的优点,为挥发性无机化合物的检测提供了有力工具。相比之下,液相色谱法则更适用于非挥发性或高沸点的无机化合物。它利用样品在液态流动相和固定相之间的溶解度差异,实现组分的分离。液相色谱法具有广泛的适用性,能够处理各种类型的无机化合物,包括离子、金属配合物等。

(三)电化学分析仪器

电化学分析仪器在无机化合物分析领域展现出了其独特的优势和应用价值。这些仪器基于测量物质的电化学性质,为科学家们提供了一种高效、准确的分析手段。电化学工作站作为其中的代表,是一种功能强大的实验设备,它不仅能够深入研究电化学反应的动力学过程,还可以揭示材料的电化学性质。在无机化合物分析中,电化学工作站能够通过精确测量电流、电位等电化学参数,从而获取关于化合物组成、结构和性质的重要信息。电化学分析仪器具有高灵敏度和良好选择性的特点,这使得它们在痕量元素分析方面表现出色。痕量元素往往以极低的浓度存在于样品中,传统的分析方法难以准确检测。然而,电化学分析仪器能够通过特定的电化学反应和信号放大机制,实现对痕量元素的灵敏检测。这一特性使得电化学分析仪器在环境监测、食品安全等领域具有广泛的应用前景。

(四)其他专用仪器

在无机化合物分析的领域,除了那些广为人知的分析仪器,还有一些专用仪器,它们针对特定类型的无机化合物发挥着至关重要的作用。这些专用仪器凭借其独特的工作原理和精确的检测能力,为无机化合物的分析提供了强有力的支持。X 射线荧光光谱仪是其中之一,它通过检测样品辐射的 X 射线荧光来确定样品的成分。这种方法具有非破坏性、快速且准确的特点,能够同时分析多种元素,因此在无机化合物分析中得到了广泛应用。无论是固体、液体还是粉末状样品,X 射线荧光光谱仪都能迅速给出其元素组成信息,为研究者提供了极大的便利。此外,还有一些便携式仪器,如便携式四合一泵吸氰化氢气体检测仪,它们在现场快速检测特定无机化合物方面发挥着重要作用。这些仪器具有体积小、重量轻、操作简单等特点,能够在第一时间对环境中的无机化合物进行检测,对于保障现场安全、预防环境污染具有重要意义。

参 考 文 献

[1] 李佳佳,李卓宁,唐于平,等.基于"化学学习共同体"理念的医学基础化学课程思政教学探索与实践[J].化学教育(中英文),2024,45(06):66-75.

[2] 王薇,任家强,周宝晗,等.工科基础化学实验课程过程性评价体系的构建与实践[J].化学教育(中英文),2024,45(06):23-29

[3] 李青云,韦旭,覃杏珍,等.以学习动机为驱动的基础化学实验课程教学改革与实践[J].云南化工,2024,51(03):180-182.

[4] 王平娟.提高化工分析检测质量的措施[J].化工管理,2024,(08):62-65.

[5] 翁荣莉.色谱分析技术在化工分析领域的应用探讨[J].清洗世界,2024,40(02):104-106.

[6] 赵辉,刘阳.半微量滴定法在化工分析中的应用[J].内蒙古科技与经济,2024,(02):134-137+146.

[7] 朱霜霜,吕帆,冯德香,等.基础化学实验室安全问题之化学试剂的正确储存和使用[J].广东化工,2024,51(02):149-150+148.

[8] 何萍,冯伟."互联网+"背景下高职"基础化学"课程教学改革的探索[J].科技风,2024,(02):90-92.

[9] 李宏伟.创"新"发展育人才[N].运城日报,2023-12-29(005).

[10]蒲永顺.气相色谱技术在化工分析中的应用[J].化工管理,
2023,(32):96-98.

[11]刘华沙,李菁菁.化学分析在化工材料检测中的实践探索
[J].化纤与纺织技术,2023,52(09):61-63.

[12]张爱玲.色谱分析技术在化工分析领域的应用探析[J].中国
石油和化工标准与质量,2023,43(16):193-195.

[13]陈金水,李卫,安金奇,等.化工产品分析与检验常见难题及
应对策略[J].清洗世界,2023,39(08):76-78.

[14]曹轶男.化工分析实验室安全及防护探究[J].化工安全与环
境,2023,36(08):28-31.

[15]王勐勐,孔健,王建刚,等.氟化工不锈钢材料腐蚀失效分析
及发生机理研究[J].清洗世界,2023,39(06):48-50.

[16]李志伟.石油化工分析检验的质量管理与优化探讨[J].中国
石油和化工标准与质量,2023,43(11):55-57.

[17]于国政.检验分析技术在石油化工检测中的运用探析[J].中
国石油和化工标准与质量,2023,43(11):58-60.

[18]于泽仪.简述提升石油化工分析检验质量控制的意义[J].中
国石油和化工标准与质量,2023,43(11):61-63+69.

[19]王霞成.计算机技术应用于化工实验设计与数据处理[J].热
固性树脂,2023,38(03):83.

[20]陈小婉.陈小婉:潜心教学十五载,助力茂名中医药职业教育
高质量发展[J].广东职业技术教育与研究,2023,(05):4-8.

[21]吴滢,姚斌.化工分析与检验专业《无机化学原料主成分含量
分析》一体化课程开发[J].化学工程与装备,2023,(05):
285-287D.

[22]陈勇江.化工分析与化工检验的重要作用研究[C]//上海筱

虞文化传播有限公司.2023:3.DOI:10.26914/C.CNKIHY.2023.026371.

[23]杨月霞,王传杰.气相色谱技术在化工分析行业中的应用研究[J].化纤与纺织技术,2023,52(04):54-56.

[24]张军科,李涛."立德树人"视域下高职化工分析类课程教学探索与实践[J].安徽化工,2023,49(01):192-194.

[25]申俊,杜青慧.化工分析领域中色谱分析技术的应用分析[J].中国石油和化工标准与质量,2023,43(02):171-173.

[26]庄俊杰.石油化工分析与检验质量管理[J].现代工业经济和信息化,2022,12(12):243-244.

[27]何楚婷.色谱分析技术在化工分析领域的应用[J].化工设计通讯,2022,48(11):82-84.

[28]吴健华.硫酸二甲酯检验方法研究及化工分析难题的应对策略[J].化工设计通讯,2022,48(11):100-102.

[29]颜焯文,谭智毅,冼灿镝.提升石油化工检验检测水平的方法研究[J].中国石油和化工标准与质量,2022,42(21):46-48.

[30]贾桃桃.化工分析应用情况研究[J].山西化工,2022,42(07):64-66.